高等职业教育系列教材

基因测序仪维修与维护

周　炫　主　编

中国建筑工业出版社

图书在版编目（CIP）数据

基因测序仪维修与维护 / 周炫主编. -- 北京 ：中国建筑工业出版社，2024. 10. --（高等职业教育系列教材）. -- ISBN 978-7-112-30079-2

Ⅰ. TH776

中国国家版本馆 CIP 数据核字第 20246FN124 号

基因测序仪是基因测序产业链中的核心环节，由于其技术壁垒较高，全球可以量产基因测序仪的厂家只有几十家，外资厂商仍居主导地位。随着个体化医疗和精准医疗等行业的不断发展，使用基因测序仪的机构越来越多，但对基因测序仪的故障排除和日常维护却仍然需要专业的技术人员进行支持。本教材以培养应用型人才为目标，采用理论与实践相结合的方式编写而成，总共5个章节，内容涵盖基因测序基础理论、基因测序仪使用安全事项、基因测序仪的维护与保养、零部件的检查、更换及调试、常见故障及处理等，8个附录给出了常用维修工具清单，并对常见的故障代码进行了说明。

本教材可作为高等职业教育医疗器械类、机电技术类、生物医药类等相关专业的教材使用，同时也可作为科研院所、企业技术人员的参考用书。

为便于本课程教学，作者自制免费课件资源，索取方式为：

1. 邮箱：jckj@cabp. com. cn。

2. 电话：（010）58337285。

责任编辑：王予芊　司　汉

责任校对：赵　力

高等职业教育系列教材

基因测序仪维修与维护

周　炫　主　编

*

中国建筑工业出版社出版、发行(北京海淀三里河路9号)

各地新华书店、建筑书店经销

北京鸿文瀚海文化传媒有限公司制版

建工社（河北）印刷有限公司印刷

*

开本：787毫米×1092毫米　1/16　印张：8½　字数：212千字

2024年10月第一版　2024年10月第一次印刷

定价：**36.00**元（赠教师课件）

ISBN 978-7-112-30079-2

（43154）

如有内容及印装质量问题，请与本社读者服务中心联系

电话：（010）58337283　QQ：2885381756

（地址：北京海淀三里河路9号中国建筑工业出版社604室　邮政编码：100037）

从书编委会

本书编委会

前　言

高通量基因测序因通量高、速度快、准确性高且成本低已逐渐成为基因测序市场应用最广的技术，广泛被应用在病原微生物检测、无创产前基因检测、肿瘤诊断、精准用药、育种等领域。基因测序仪是进行高通量基因测序的主要仪器，因基因测序仪的技术壁垒高，目前在全球范围内仅有几十家基因测序仪制造企业，可以量产的只有美国的 Illumina、Thermo Fisher 和中国的深圳华大智造科技股份有限公司（华大智造）等。

基因测序仪的维护保养是基因测序仪正常运行的保障，本教材重点介绍了基因测序的基础理论、主流的基因测序仪，以华大智造自主研发的 MGISEQ-200 为例，介绍基因测序基础理论，基因测序仪使用安全事项，基因测序仪的维护与保养，零部件的检查、更换及调试以及常见故障及处理等，最后结合售后技术人员在基因测序仪客户现场积累的实战经验，以案例的形式讲述了几个经典故障及处理方法。

本教材课题来源于深圳技师学院与深圳华大智造科技股份有限公司校企联合完成的“广东省产业就业培训基地（深圳·生物医药与健康产业基地）”项目。深圳技师学院、深圳华大智造科技股份有限公司、广东食品药品职业学院共同参与了本教材的编写。

本教材由深圳技师学院周炫担任主编，李跃华担任副主编，深圳华大智造科技股份有限公司熊伟担任主审。李晓旺、肖丽军编写了第一章，李跃华、赵四化、刘虔铖编写了第二章和第三章，周炫、韩宇、崔晓钢编写了第四章和第五章，全教材由周炫统稿。

本教材在编写过程中参考和借鉴了深圳华大智造科技股份有限公司大量资料和国内外相关书籍，在此向各位作者表示感谢。

由于编者水平有限，书中难免存在疏漏之处，敬请广大读者批评指正。

目 录

第1章 基因测序基础理论

教学目标

1. 了解核酸的元素组成、组成成分、基本组成单位及连接方式。
2. 了解核酸的结构特点和理化性质。
3. 了解基因测序技术发展史。
4. 熟悉主流的基因测序仪及应用。

1.1 核酸

1.1.1 核酸概述

核酸是构成生命所必需的生物大分子，广泛存在于所有动植物细胞、微生物体内。它在生命系统中主要起到作为遗传信息载体的作用，并参与遗传信息在细胞内的表达。

核酸最早于1869年由瑞士科学家弗雷德里希·米歇尔从富含白细胞的脓液中分离获得，称为核质（Nuclein）。

在19世纪80年代早期，诺贝尔生理和医学奖获得者德国生物化学学家科塞尔进一步纯化获得核酸，发现了它的强酸性，他后来也确定了核碱基。

1889年，德国病理学家理查德·奥尔特曼创造了核酸这一术语，取代了“Nuclein”的称法。

1919年，一位美籍俄罗斯医生、化学家菲巴斯·利文首先发现了单核苷酸的三个主要成分（磷酸盐、戊糖和氮基）的顺序。

1938年，英国物理学家和生物学家威廉·阿斯特伯里和 Florence Bell（后来改名为 Florence Sawyer）发表了第一个 DNA 的 X 射线衍射图谱。

1939年，E. Knapp 等人第一次用实验证实核酸是遗传的物质基础。此后，

T. Caspersson 和 J. Brachet 通过他们细胞化学工作证实 RNA 在蛋白质合成中起某种作用。

1944 年，Avery 等为了寻找导致细菌转化的原因，他们发现从 S 型肺炎球菌中提取的 DNA 与 R 型肺炎球菌混合后，能使某些 R 型菌转化为 S 型菌，且转化率与 DNA 纯度呈正相关，若将 DNA 预先用 DNA 酶降解，转化就不发生，从而得出结论：S 型菌的 DNA 将其遗传特性传给了 R 型菌，DNA 就是遗传物质。从此核酸是遗传物质的重要地位才被确立。

1953 年，美国分子生物学家詹姆斯·沃森和英国分子生物学家弗朗西斯·克里克确定了 DNA 的双螺旋结构，促进了核酸及遗传学研究的进展，推动了分子生物学的发生和发展，该模型的提出被认为是 20 世纪自然科学最伟大的成就之一。随后，他们又提出了半保留复制模型。

1957 年，Meselson 和 Stahl 用密度梯度超离心法证实半保留复制模型。

1972 年，建立了 DNA 重组技术。

1978 年，建立 DNA 的双脱氧测序法。

1990 年，开始实施人类基因组计划。

2003 年，人类基因组计划宣布完成测序任务，之后进入后基因组时代，重心转移到从整体水平上对基因组功能的研究。

1.1.2 核酸的种类和分布

核酸，是一类由核苷酸构成的生物大分子，主要分为脱氧核糖核酸（DeoxyriboNucleic Acid，DNA）和核糖核酸（RiboNucleic Acid，RNA）两类，所有生物细胞都含有这两类核酸，病毒只含有 DNA 或 RNA。DNA 是绝大多数生物的遗传物质，RNA 是少数不含 DNA 的病毒（如烟草花叶病毒、流感病毒、SARS 病毒等）的遗传物质。

1.1.2.1 脱氧核糖核酸（DNA）

DNA 是一种长链聚合物，组成单位为四种脱氧核苷酸（图 1-1），即腺嘌呤脱氧核苷酸（dAMP）、胸腺嘧啶脱氧核苷酸（dTMP）、胞嘧啶脱氧核苷酸（dCMP）、鸟嘌呤脱氧核苷酸（dGMP）。脱氧核糖（戊糖）与磷酸分子以酯键相连，组成其长链骨架，排列在外侧，四种碱基（A、T、C、G）排列在内侧。每个戊糖都与四种碱基里的一种相连，这些碱基沿着 DNA 链所排成的序列，可组成遗传密码，指导蛋白质的合成。

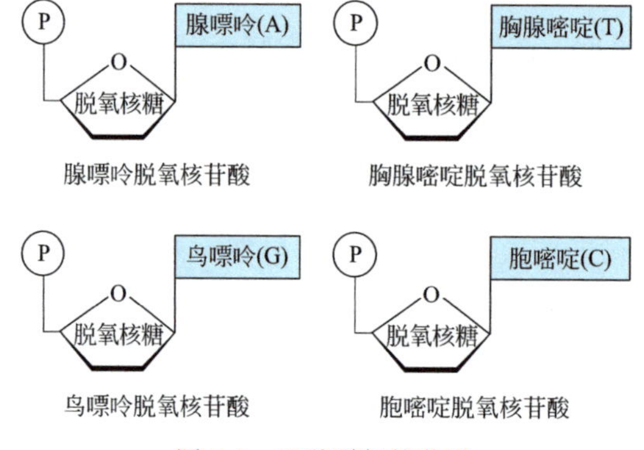

图 1-1 四种脱氧核苷酸

1.1.2.2 核糖核酸（RNA）

RNA 存在于生物细胞及部分病毒、类病毒中的遗传信息载体，是少数不含 DNA 的病毒（如烟草花叶病毒）的遗传物质。RNA 是由核糖核苷酸经磷酸二酯键缩合而成的长链状分子。一个核糖核苷酸由核糖、磷酸和碱基构成。RNA 中的碱基主要有：腺嘌呤、鸟嘌呤、胞嘧啶、尿嘧啶。RNA 主要分布在细胞质中。

RNA 包括 mRNA、tRNA、rRNA，除此之外，还有 20 世纪 80 年代以来发现的具有特殊功能的 RNA，比如 MicroRNA（miRNAs）和小分子 RNA（smallRNA）等。

miRNAs 是在真核生物中发现的一类内源性的，具有调控功能的非编码 RNA，长度约为 20～25 个核苷酸。成熟的 miRNAs 是由较长的初级转录物经过一系列核酸酶的剪切加工而产生的，随后组装进 RNA 诱导的沉默复合体，通过碱基互相补配对的方式识别靶 mRNA，并根据互补程度的不同指导沉默复合体降解靶 mRNA 或者阻遏靶 mRNA 的翻译。目前只有一小部分 miRNAs 生物学功能得到阐明。这些 miRNAs 调节了细胞生长、组织分化，因而与生命过程中发育、疾病有关。通过对基因组上 miRNA 的位点分析，显示其在发育和疾病中起了非常重要的作用。一系列的研究表明：miRNAs 在细胞生长和凋亡、血细胞分化、同源异形盒基因调节、神经元的极性、胰岛素分泌、大脑形态形成、胚胎后期发育等过程中发挥重要作用，例如 miR-273 和 lys-6 编码的 miRNA 参与线虫的神经系统发育过程；miR-430 参与斑马鱼的大脑发育；miR-181 控制哺乳动物血细胞分化为 B 细胞；miR-375 调节哺乳动物胰岛细胞发育和胰岛素分泌；miR-143 在脂肪细胞分化起作用；miR-196 参与了哺乳动物四肢形成，miR-1 与心脏发育有关。另有研究人员发现许多神经系统的 miRNAs 在大脑皮层培养中受到时序调节，表明其可能控制着区域化的 mRNA 翻译。对于新的 miRNA 基因的分析，可能发现新的参与器官形成、胚胎发育和生长的调节因子，促进对癌症等人类疾病发病机制的理解。

SmallRNA 存在于真核生物的细胞核和细胞质中，长度约 100～300 个碱基（酵母中最长的约为 1000 个碱基）。Small RNA 主要包括 miRNA、piRNA、tsRNA、snRNA 和 snoRNA 等，是一类不具有蛋白编码能力的 RNA 分子，能调控基因表达，在细胞生长、发育和代谢等基础生物学过程中都扮演着重要的角色，甚至在癌症等相关疾病形成过程中也起着关键的作用。

DNA 和 RNA 的结构组成如图 1-2 所示，二者的主要区别见表 1-1。

DNA 和 RNA 的主要区别 **表 1-1**

核酸	DNA	RNA
名称	脱氧核糖核酸	核糖核酸
结构	规则的双螺旋结构	通常呈单链结构
基本单位	脱氧核糖核苷酸	核糖核苷酸
戊糖	脱氧核糖	核糖
含氮碱基	腺嘌呤(A) 鸟嘌呤(G) 胞嘧啶(C) 胸腺嘧啶(T)	腺嘌呤(A) 鸟嘌呤(G) 胞嘧啶(C) 尿嘧啶(U)

续表

核酸	DNA	RNA
分布	主要存在于细胞核,少量存在于线粒体和叶绿体	主要存在于细胞质
功能	携带遗传信息,在生物体的遗传、变异和蛋白质的生物合成中具有极其重要的作用	作为遗传物质,只存在RNA病毒中。不作为遗传物质,在DNA控制蛋白质合成过程中起作用。mRNA是蛋白质合成直接的模板,tRNA能携带特定的氨基酸,rRNA是核糖体的组成成分

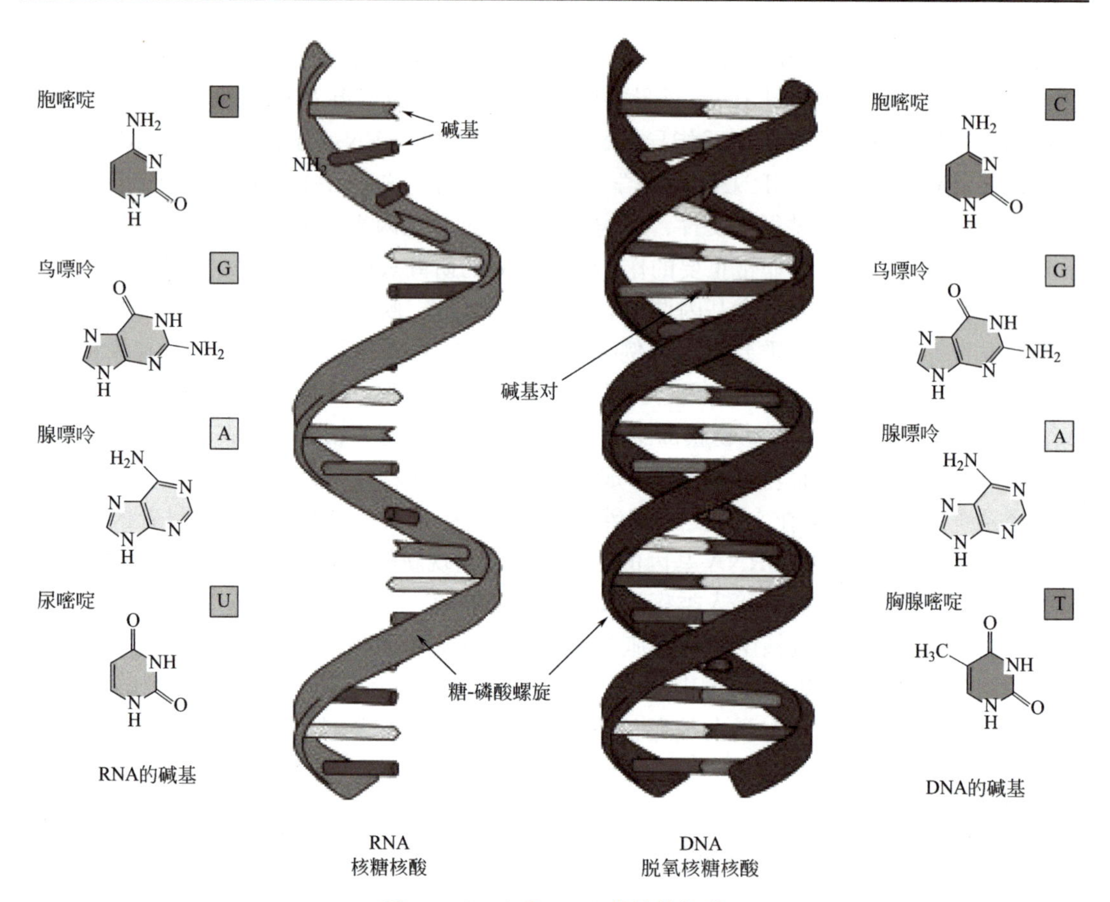

图1-2 DNA和RNA的结构组成

1.1.3 核酸的生物学功能

20世纪40年代，人们才了解DNA和RNA都是细胞的重要组成物质，前者引起遗传性状的转化，后者参与蛋白质的生物合成。核酸的研究逐渐成为生命科学研究的核心和前沿领域。

1.1.3.1 DNA是主要的遗传物质

核质发现后，一些科学家推测核质可能与遗传有关，但直接证明DNA是遗传物质的证据来自 Avery 的细菌转化实验。

1944 年，Avery 等人首次证明 DNA 是细菌遗传性状的转化因子。肺炎双球菌存在光滑型（S 型）和粗糙型（R 型）两种不同的类型，其中 S 型的菌株产生荚膜，有毒，可导致人类肺炎，导致小鼠得败血症，并可使小鼠患病死亡。而 R 型的菌株则不产生荚膜，无毒，在人和动物体内不致病。Avery 等人从 SⅢ型活菌体内提取 DNA、RNA、蛋白质和荚膜多糖，将他们分别与 RⅡ型活菌混合均匀后注射入小白鼠体内，结果只有注射 SⅢ型 DNA 和 RⅡ型活菌的混合液的小白鼠才死亡，这是由于一部分 RⅡ型活菌转化产生有毒的、有荚膜的 SⅢ型活菌所致，并且它们的后代都是有毒、有荚膜的。该实验清楚地证明了 DNA 是遗传物质，蛋白质不是遗传物质，DNA 控制蛋白质的合成。

1952 年，赫尔希（A. D. Hershey）和蔡斯（M. chase）分别用 ^{35}S 和 ^{32}P 标记 T2 噬菌体的蛋白质和 DNA，感染大肠杆菌时发现只有 ^{32}P 标记的 DNA 进入大肠杆菌内，而 ^{35}S 的蛋白质留在细胞外。实验结果表明，噬菌体 DNA 携带了全部的遗传信息。

1.1.3.2 RNA 参与蛋白质的合成

根据中心法则，RNA 是以 DNA 其中一条链为模板，以碱基互补配对的原则，转录生成一条单链，主要功能是实现遗传信息在蛋白质上的表达，是遗传信息传递过程中的桥梁。其中，信使 RNA 是合成蛋白质的模板，其遗传密码序列编码着所合成的蛋白质的一级结构。转运 RNA 是携带氨基酸的工具，并与有关的酶构成遗传密码的译码系统，参与蛋白质的翻译过程。核糖体 RNA 是核糖体的重要组成组分，与蛋白质一起构成核糖体，核糖体是合成蛋白质的重要场所，由它将氨基酸依次装备成蛋白质的肽链。

1.1.4 核酸的分子结构

核酸是核苷酸的多聚化合物，一个核苷酸 C3′上的羟基与另一个核苷酸 C5′上的磷酸缩合脱水形成 3′,5′-磷酸二酯键，多个核苷酸经 3′,5′-磷酸二酯键构成一条没有分支的线性大分子，称为多聚核苷酸链。3′,5′-磷酸二酯键是核酸的主键。

核苷酸是由碱基、戊糖和磷酸通过磷酸酯键连接而成。戊糖包括 D-核糖和 D-2-脱氧核糖两种（图 1-3）。

有核糖组分的核苷酸称为核糖核苷酸，其为核糖核酸（RNA）的组成单元，有脱氧核糖组分的核苷酸称为脱氧核糖核苷酸，其为脱氧核糖核酸（DNA）的组成单元（图 1-4）。

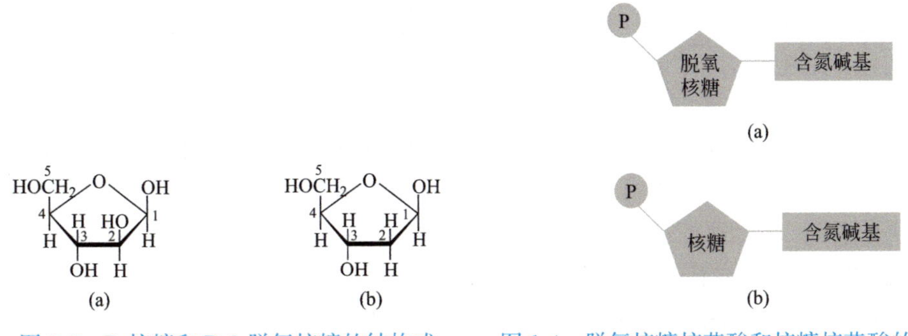

图 1-3 D-核糖和 D-2-脱氧核糖的结构式

（a）D-核糖；（b）D-2-脱氧核糖

图 1-4 脱氧核糖核苷酸和核糖核苷酸的组成示意

（a）脱氧核糖核苷酸；（b）核糖核苷酸

综上，核酸的各构件组成如图 1-5 所示。

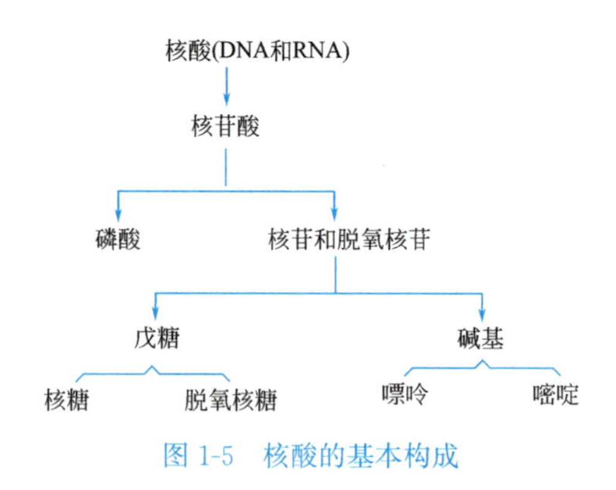

图 1-5　核酸的基本构成

1.1.4.1　RNA 的分子结构

RNA（核糖核酸）是一种生物分子，在细胞核中合成，主要分布在胞浆中。它在细胞中具有多种重要功能，包括信息传递、蛋白质合成和基因表达调控等。RNA 的基本结构也是以 3′,5′-磷酸二酯键连接而成的多聚核苷酸链。

1. RNA 的分类

RNA 的种类比较多，目前研究得比较清楚的 RNA 包括核糖体 RNA（rRNA）、转运 RNA（tRNA）和信使 RNA（mRNA），它们的主要功能是参与蛋白质的生物合成，并且在蛋白质合成过程中发挥不同的功能，其中 mRNA 是蛋白质合成的模板，tRNA 是转运氨基酸的工具，rRNA 是构成核糖体的重要成分之一。

核糖体 RNA（ribosome RNA，rRNA）存在于所有生物中，是细胞中最丰富的 RNA，占细胞中 RNA 总量的 80%以上。rRNA 的功能是与核糖体蛋白质构成核糖体，起着蛋白质合成“装配机”的作用。核糖体由大、小两个亚基组成。原核生物核糖体含有三种 rRNA，其沉降系数分别为 5S、16S 和 23S。真核生物核糖体含有 4 种 tRNA，沉降系数分别为 5S、5.8S、18S 和 28S。

转运 RNA（transfer RNA，tRNA）和 rRNA 一同参与蛋白质合成过程的小分子，存在于所有生物中，约占 RNA 总量的 15%，一般以游离的状态存在于细胞质中。tRNA 约由 75～90 个核苷酸组成，相对分子质量在 25000 左右，在三类 RNA 中最小。tRNA 的主要功能是将氨基酸携带至核糖体，并确保它们按照被翻译的 mRNA 的核酸序列所指定的顺序进行连接。细胞中的 tRNA 的种类很多，每一种氨基酸都有特异转运它的一种或几种 tRNA。

信使 RNA（messenger RNA，mRNA）占细胞中 RNA 总量的 3%～5%，相对分子质量极不均一，一般在（0.5～2）$\times 10^6$。mRNA 是合成蛋白质的模板，传递 DNA 的遗传信息，决定着每一种蛋白质肽链中氨基酸的排列顺序，所以细胞内 mRNA 的种类很多。mRNA 的稳定性不高，它代谢活跃、更新迅速，原核生物（如大肠杆菌）mRNA 的半衰期只有几分钟，真核细胞中的寿命较长，可达几小时以上。

除了以上三种 RNA 外，还有多种其他类型的 RNA，根据大小可分为长链非编码 RNA（long non-coding RNA，lncRNA）、短链非编码 RNA（small non-coding RNA， sncRNA）。lncRNA 是长度大于 200 个核苷酸的非编码 RNA，具有高度的异质性，主要参与基因转录调控、转录后调控、翻译调控、介导染色体修饰等过程。sncRNA 的长度小于 200 个核苷酸，主要包括核内小 RNA（small nuclear RNA，snRNA）、核仁小 RNA（small nucleolar RNA，snoRNA）、微小 RNA（miRNA）、PIWI 相互作用 RNA（piRNA）、小干扰 RNA（siRNA）等。snRNA 存在于细胞核内，是一类被称为核内小核糖核蛋白的组成成分，其功能是在 hnRNA（核内不均一 RNA）转变为成熟 mRNA 的过程中，参与 RNA 的剪接加工以及将 mRNA 从核内转运到核外的过程。snoRNA 也是一类小分子 RNA，主要参与核仁内 rRNA 前体的加工和 rRNA 中核苷酸残基的修饰。

2. 元素组成和水解的最终产物

各种 RNA 分子均以碳（C）、氢（H）、氧（O）、氮（N）和磷（P）五种元素组成，有些 tRNA 还含有少量的硫（S）和硒（Se）。RNA 分子中的磷含量是比较稳定的，约占 9.4%，通过分析 RNA 中的磷含量，是定量测定 RNA 含量的经典方法之一，称为定磷法。

定磷法的基本原理是：在酸性环境中，定磷试剂中的钼酸铵以钼酸形式与样品中的磷酸反应生成磷钼酸，当有还原剂（如氯化亚锡、硫酸亚铁、维生素 C 等）存在时，磷钼酸立即转变成蓝色的还原产物——钼蓝。反应式如下：

$$(NH_4)_2MoO_4 + H_2SO_4 = H_2MoO_4 + (NH_4)_2SO_4$$

$$12\ H_2MoO_4 + H_3PO_4 = H_3PO_4 \cdot 12\ H_2MoO_3 + 12H_2O$$

$$H_3PO_4 \cdot 12H_2MoO_3 \xrightarrow{\text{维生素 C}} Mo_2O_3 \cdot MoO_3$$

钼蓝吸收最大峰波长为 660nm。在一定浓度范围内，溶液的吸光度和无机磷酸的含量成正比。

当测定样品核酸总磷量，需先将它用硫酸或过氯酸消化成无机磷再进行测定。总磷量减去未消化样品中测得的无机磷量，即得核酸含磷量，由此便可以计算出核酸含量。

各种 RNA 若被完全水解，都可得到下列三类最终的产物，即磷酸基团、D-核糖、含氮碱基。含氮碱基是 RNA 的基本构件之一，它们是 RNA 分子的核心组成部分。

将 RNA 逐步水解时，还可生成多种中间产物，首先生成的是各种不同的核糖核苷酸，此类核苷酸进一步水解可产生磷酸和相应的核糖核苷。该类核苷酸继续水解，则可以生成 D-核糖及含氮碱基（包括各种嘌呤碱和嘧啶碱）。有 4 种碱基（A、U、C、G）以及它们衍生来的核苷和核苷酸，是任何一种 RNA 必备的构件。A、U、C、G 称为基本碱基，对应的核苷和核苷酸称为基本核苷、基本核苷酸。如果以上组成部分被修饰，则称为修饰碱基（即稀有碱基）、修饰（稀有）核苷及修饰（稀有）核苷酸。

3. 基本碱基和稀有碱基

RNA 中有 4 种碱基，它们分别是腺嘌呤（Adenine，简写为 A）、胸腺嘧啶（Uracil，简写为 U）、鸟嘌呤（Guanine，简写为 G）和胞嘧啶（Cytosine，简写为 C）。其中 U 和 C 称为嘧啶碱，A 和 G 称为嘌呤碱（图 1-6）。A、U、C 和 G 以特定的方式通过氢键相互连接，A 与 U 之间形成两个氢键，G 与 C 之间形成三个氢键。

除 4 种基本碱基外，各种 RNA 分子，特别是 tRNA 分子中还含有少量的稀有碱基，至今发现的天然稀有碱基有几十种，部分稀有碱基的结构式如图 1-7 所示。RNA 分子中的主要稀有核苷见表 1-2。

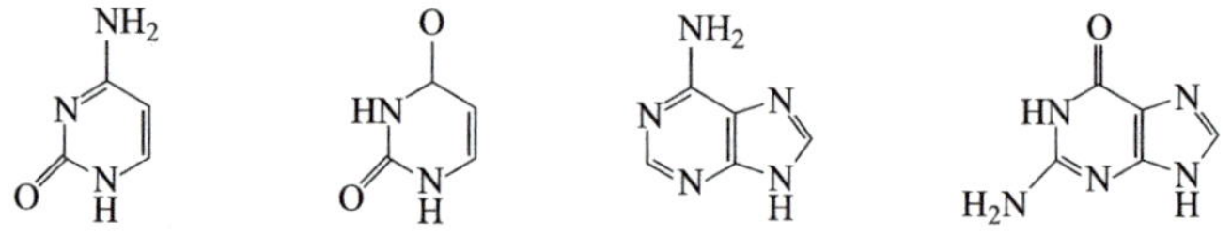

图 1-6 RNA 中 4 种基本碱基的结构式

（a）胞嘧啶（C）；（b）尿嘧啶（U）；（c）腺嘌呤（A）；（d）鸟嘌呤（G）

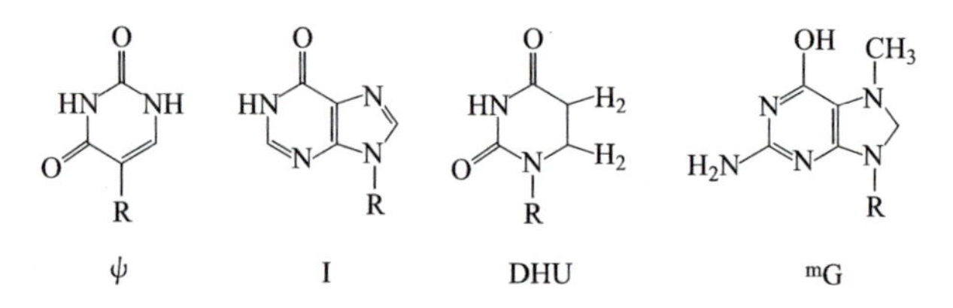

图 1-7 部分稀有碱基的结构式

RNA 分子中的主要稀有核苷 **表 1-2**

3-甲基胞苷(m^3C)	6,6-二甲基腺苷($m_2{}^6A$)
4-甲基胞苷(m^4C)	6-异戊烯腺苷(I^6A)
5-甲基胞苷(m^5C)	2-甲硫基异戊烯腺苷($rnsI^6A$)
5-羟甲基胞苷(om^5C)	6-苏氨酸羰基腺苷(tc^6A)
4-乙酰胞苷(ac^4C)	6-甲基-6-苏氨酸羰基腺苷(m^6tc^6A)
6-乙酰 5-甲基胞苷(ac^6m^5C)	6-甘氨酸羰基腺苷(g^6A)
2-硫胞苷(s^2C)	1-甲基鸟苷(m^1G)
3-甲基尿苷(m^3U)	2-甲基鸟苷(m^2G)
5-甲基尿苷(m^5U)(T)	2,2-二甲基鸟苷($m_2{}^2G$)
5-羟尿苷(o^5U)	7-甲基鸟苷(m^7G)
5-羟甲基尿苷(om^5U)	2,7-二甲基鸟苷($m_2{}^{2,7}G$)
5-甲氧基尿苷(mo^5U)	2,2,7-三甲基鸟苷($m_2{}^{2,2,7}G$)
5-羧甲基尿苷(cm^5U)	7-氨甲基环戊烯二醇-7-脱氮鸟苷(核苷 Q)
5-羟甲氧基尿苷(com^5U)	核苷 Y(核苷 yW)
2-硫尿苷(s^2U)	2′-o-甲基胞苷(Cm)
4-硫尿苷(s^4U)	2′-o-甲基尿苷(Um)
2-硫-5-甲基尿苷(s^2m^5U)	2′-o-甲基鸟苷(Gm)
2-硫-5-羧甲基尿苷(s^2cm^5U)	2′-o-甲基腺苷(Am)
5,6-二氢尿苷(DHU 或 D)	2′-o-甲基假尿苷(ψm)
3-甲基 5,6-二氢尿苷(m^5D)	2′-o-甲基胸苷(Tm)
假尿苷(ψ)	2′-o-甲基肌苷(Im)
1-甲基腺苷(m^1A)	6-甲基腺苷(m^6A)
2-甲基腺苷(m^2A)	次黄苷(肌苷)(I)

4. D-核糖和磷酸基团

RNA 中的戊糖分子是核糖（Ribose）。每个核糖分子与一个碱基和一个磷酸基团组合在一起，形成核苷酸。

RNA 中的核苷酸还包括一个磷酸基团，它连接到核糖的第五位碳原子上。这种连接形成了核苷酸链，并使 RNA 分子成为带有负电荷的分子。

5. RNA 的结构

（1）RNA 的一级结构

组成 RNA 分子的基本单位是 4 种核苷酸：AMP、GMP、CMP 和 UMP。除此之外，在有些 RNA 分子中尚含有少量的稀有核苷。四种核糖核苷酸按照一定的顺序以 3′,5′-磷酸二酯键连接而成的多核苷酸链称为 RNA 的一级结构。

（2）RNA 的空间结构

RNA 通常都是以单链形式存在，但 RNA 的多核苷酸链可以回折，在碱基互补区（A 与 U 配对，C 与 G 配对）也可形成局部短的双螺旋结构，无法形成碱基配对的则形成环状突起，这种结构可以被形象地称为发夹型结构或茎环结构，这就是 RNA 的二级结构和三级结构（图 1-8）。根据结构研究表明，RNA 分子内一般存在一些较短的双螺旋区，它们所含的碱基对约占 RNA 链中全部碱基的 40%～70%，由于 RNA 分子内存在一些较短的双螺旋区，因此也具有一些与 DNA 相同的特性，如变性作用、增色效应等。此外有少数病毒，如呼肠孤病毒、脊髓灰质炎病毒、仙台病毒等的 RNA 分子，可全部形成完整的双螺旋结构，其二级结构类似于 DNA 的双螺旋结构。

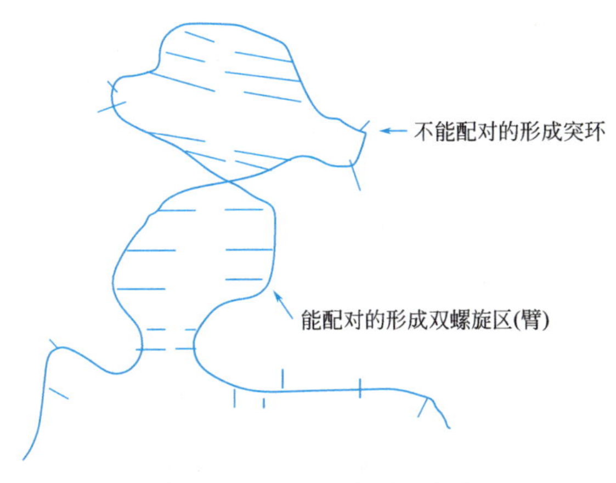

图 1-8　RNA 的二级茎环结构

1）mRNA 的结构

遗传信息从 DNA 传递到 RNA 的过程称为转录。在真核生物中，最初转录生成的 RNA 称为非均一核 RNA（hnRNA），它是信使 RNA（mRNA）的未成熟前体。mRNA 前体经过加工，变成成熟的 mRNA。

真核生物的 mRNA 分子的结构特点是：①mRNA 的 3′末端有一段多聚腺苷酸（poly A），其长度为 30～200 个腺苷酸，称为 mRNA 的“尾”；②在 mRNA 分子的 5′端接有 7-甲基鸟嘌呤核苷三磷酸（m^7Gppp），这种结构称为“帽”。在 mRNA 分子中有编码区和非编码区，编码区的核苷酸序列中相邻的三个核苷酸组成为一个氨基酸编码的三联体密码子，这些三联体密码子决定蛋白质分子的一级结构，三联体密码子如图 1-9 所示。

第1位	U		C		A		G		第3位
U	UUU	苯丙氨酸	UCU	丝氨酸	UAU	酪氨酸	UGU	半胱氨酸	U
	UUC		UCC		UAC		UGC		C
	UUA	亮氨酸	UCA		UAA	终止密码子	UGA	终止密码子	A
	UUG		UCG		UAG		UGG	色氨酸	G
C	CUU	亮氨酸	CCU	脯氨酸	CAU	组氨酸	CGU	精氨酸	U
	CUC		CCC		CAC		CGC		C
	CUA		CCA		CAA	谷氨酰胺	CGA		A
	CUG		CCG		CAG		CGG		G
A	AUU	异亮氨酸	ACU	苏氨酸	AAU	天冬酰胺	AGU	丝氨酸	U
	AUC		ACC		AAC		AGC		C
	AUA		ACA		AAA	赖氨酸	AGA	精氨酸	A
	AUG	甲硫氨酸	ACG		AAG		AGG		G
G	GUU	缬氨酸	GCU	丙氨酸	GAU	天冬氨酸	GGU	甘氨酸	U
	GUC		GCC		GAC		GGC		C
	GUA		GCA		GAA	谷氨酸	GGA		A
	GUG		GCG		GAG		GGG		G

起始密码　终止密码

图 1-9　三联体密码子

2）tRNA 的结构

目前，RNA 结构中研究较为清楚的是 tRNA。tRNA 有数十种，分别可携带一种特异性氨基酸，并将其转运到核糖体，用作蛋白质生物合成的原料。各种类型的 tRNA 在一级结构和空间结构上有一些共同特点。例如，在一级结构上，tRNA 含有大量稀有碱基，如甲基化的嘌呤 ^{m}A、^{m}G 等，二氢尿嘧啶（DHU）、次黄嘌呤（I）等。此外，tRNA 还含有一些稀有的核苷，如假尿嘧啶核苷、胸腺嘧啶核糖核苷等。

1965 年，Holly 等在测定酵母丙氨酸 tRNA 一级结构的基础上，提出了 tRNA 的三叶草型二级结构。现在认为，各类 tRNA 的一级结构虽各不相同，但所有的 tRNA 均具有类似的三叶草型的二级结构（图 1-10）。其主要特征为：

分子中有 A-U、G-C 配对的双螺旋区，称为臂，不能配对的称为环，tRNA 由四臂四环组成，分别为氨基酸臂、反密码（环）臂、二氢尿嘧啶（环）臂、TψC（环）臂和可变环。

三叶草的叶柄称为氨基酸臂，在其 3′末端具有共同的 CCA-OH 结构，其羟基可与该 tRNA 所携带的氨基酸形成共价键，起结合氨基酸的作用。

氨基酸臂对面的环称为反密码环，反密码环的顶端具有三个核苷酸构成的反密码子，它可以通过碱基互补配对的原则识别模板 RNA 上的密码子，从而实现特异性转运氨基酸的功能。

右边是 TψC 环，其功能是在蛋白质合成时起识别核糖体的作用。左边的环称为二氢尿嘧啶（DHU）环，它可特异性识别氨基酸-tRNA 连接酶。

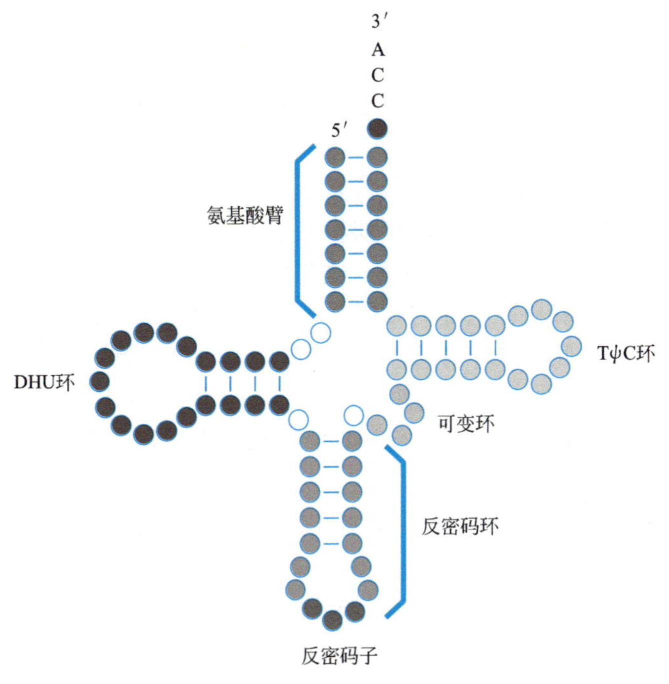

图 1-10　tRNA 的三叶草模型

tRNA 还有一个可变环，存在于 TψC 环和反密码环之间，它的大小从 3～21 个碱基不等，不同类型的 tRNA，碱基数目的不同一般存在此区域。

1973～1975 年间，Kim、Robertus 等人利用高分辨率 X 射线衍射分析技术，测定了酵母苯丙氨酸 tRNA 的三级结构。结构显示，tRNA 的三级结构是在二级结构的基础上，进一步折叠形成的倒 L 形。所有的 tRNA 都有明确的、相似的三级结构形式，即为倒 L 形。

在倒 L 形结构中，3′端含 CCA-OH 的氨基酸臂位于倒 L 形的一端，反密码环位于另一端，DHU 环和 TψC 环在空间上相互接近，构成 L 形的拐角，所有 tRNA 的三级结构均呈倒 L 形（图 1-11）。

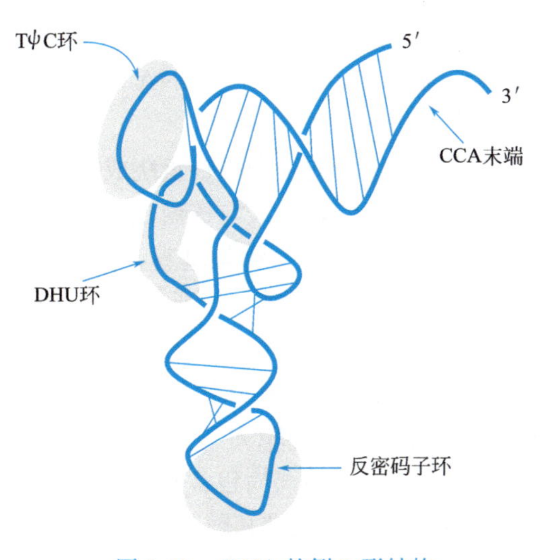

图 1-11　tRNA 的倒 L 形结构

1.1.4.2 DNA的分子结构

DNA（脱氧核糖核酸）是由多个脱氧核糖核苷酸组成的，每个脱氧核糖核苷酸包括一个D-2-脱氧核糖、一个含氮碱基和一个磷酸基团。DNA分子中包含4种基本含氮碱基，分别是腺嘌呤、鸟嘌呤、胸腺嘧啶和胞嘧啶，个别来源的DNA分子中也含有少量稀有碱基。Chargaff等人在20纪50年代应用纸层析及紫外分光光度计对不同生物DNA的碱基组成进行了定量测定，发现一些共同规律，这些规律被称为Chargaff规则，其要点如下：

所有DNA中腺嘌呤和胸腺嘧啶的摩尔含量相等，即A=T；鸟嘌呤与胞嘧啶的摩尔含量相等，即G=C。因此，嘌呤的总含量与嘧啶的总含量相等，即A+G=T+C。

DNA的碱基组成具有物种的特异性，即不同物种的DNA具有自己独特的碱基组成。但DNA的碱基组成没有组织和器官的特异性。生长发育阶段、营养状态和环境的改变都不影响DNA的碱基组成。

所有DNA中碱基组成必定是A=T，G=C。这一规律的发现，为DNA双螺旋结构的建立提供了重要的依据。

DNA的分子结构可分为一级结构、二级结构和三级结构。

1. DNA的一级结构

DNA是由dAMP、dTMP、dCMP、dGMP四种主要脱氧核苷酸按一定顺序通过磷酸二酯键连接起来的直链分子。DNA的一级结构是指脱氧多核苷酸链中核苷酸的排列顺序。由于DNA分子中脱氧核苷酸中的磷酸和脱氧核糖的结构均相同，不同的仅是碱基，因此DNA分子中碱基的排列顺序就代表了核苷酸的排列顺序。研究DNA的一级结构实际上就是测定DNA分子中碱基的排列顺序，简称“测序”。生物的遗传信息绝大多数以脱氧核苷酸不同的排列顺序编码在DNA分子上。

生物的遗传信息贮存于DNA的核酸序列中，生物物种的多样性即寓于DNA分子四种核酸千变万化的不同排列中。

2. DNA的二级结构

DNA的右手双螺旋结构：

1953年，Watson和Crick在Chargaff规则和DNA X射线衍射的基础上提出了著名的DNA右手双螺旋结构模型，即B-DNA模型。DNA双螺旋结构示意如图1-12所示。DNA右手双螺旋结构模型的要点如下：

1）两条反向平行的多核苷酸链围绕同一中心轴盘绕成右手双螺旋。

2）嘌呤和嘧啶碱位于双螺旋的内侧，磷酸与核糖在外侧，彼此通过3′,5′-磷酸二酯键相连接，形成DNA分子的骨架。碱基平面与纵轴垂直，糖环的平面则与纵轴平行。沿螺旋中心轴方向看去，双螺旋结构上有两个凹槽，一条较宽深，称为大沟（宽槽），一条较窄浅，称为小沟（窄槽）。大沟的宽度为1.2nm，深度为0.85nm；小沟的宽度为0.6nm，深度为0.75nm。这些沟对DNA和蛋白质的相互作用是非常重要的。

3）DNA双螺旋的平均直径为2nm，螺距为3.4nm，相邻碱基距离为0.34nm，两个核酸的夹角为36°。因此，沿中心轴每旋转一周包含有10个核苷酸对。

4）DNA双螺旋结构的稳定主要依靠氢键和碱基的堆积力，其中氢键维系双螺旋横向结构的稳定，且A和T之间形成2个氢键，G和C之间形成3个氢键。碱基堆积力维系纵向结构的稳定（图 1-13）。

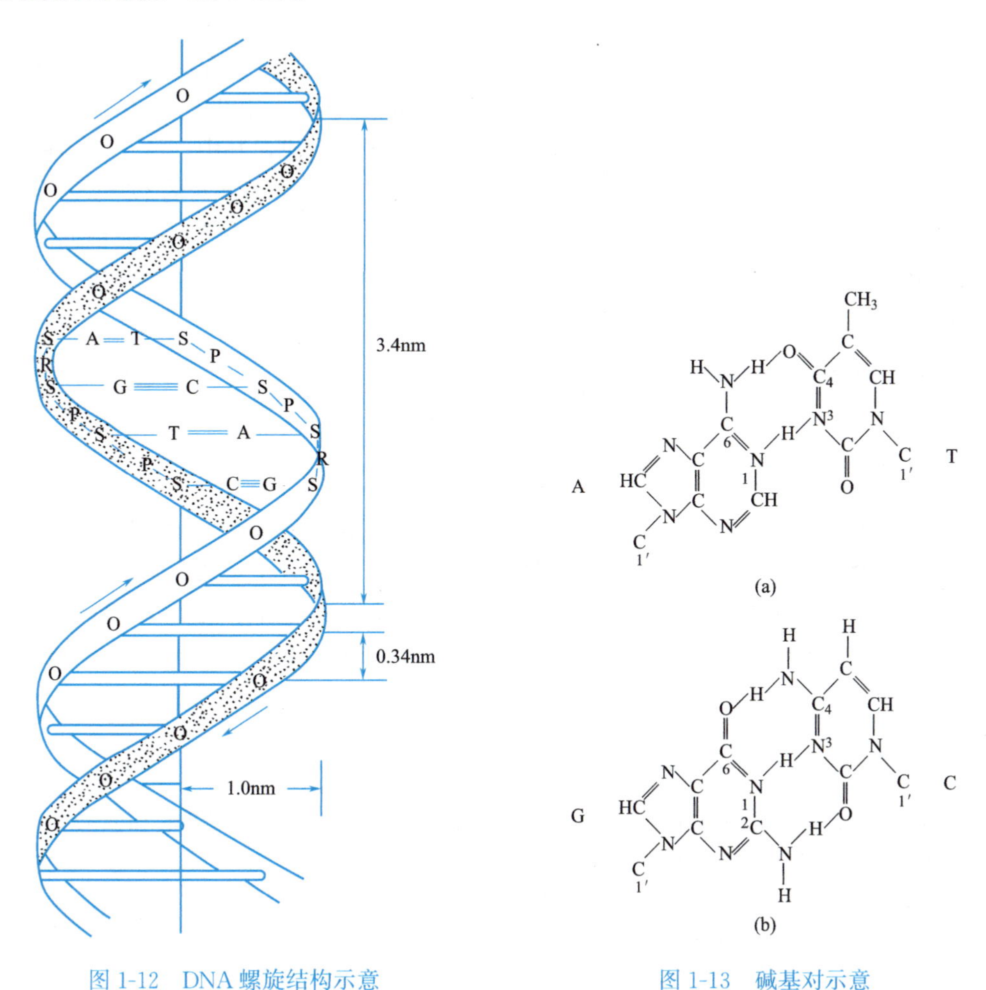

图 1-12　DNA 螺旋结构示意

图 1-13　碱基对示意

（a）A 和 T 之间形成 2 个氢键；（b）G 和 C 之间形成 3 个氢键

由于两条链之间的距离是一定的，碱基不能随意配对，只能是腺嘌呤和胸腺嘧啶配对，形成两个氢键；鸟嘌呤和胞嘧啶配对，形成 3 个氢键，这样才能保证两条链距离在 2nm 左右。这种碱基之间配对的原则称为碱基互补原则。DNA 的两条脱氧多核苷酸链称互补链，根据碱基互补配对原则，当一条多核苷酸链的序列被确定以后，即可推知另一条互补链的序列。碱基互补原则具有很重要的生物学意义。DNA 的复制、转录、反转录和翻译都是以碱基互补作为分子基础的。

3. DNA 的三级结构

细胞内的双螺旋 DNA 分子并不是以细长的链状存在，周围离子环境和 DNA 结合蛋白的性质决定了 DNA 具有更高级的结构形式。DNA 的三级结构就是 DNA 在双螺旋结构的基础上，进一步扭曲，包括线状双链中的扭结、超螺旋、多重螺旋、分子内局部单链环、环状 DNA 中的超螺旋以及连环等拓扑学状态，其中 DNA 超螺旋是最常见也是研究最多的三级结构。

原核生物的 DNA 双螺旋可进一步紧缩成闭合环状、开链环状以及麻花状等形式的三级结构。如多发性肿瘤病毒 DNA 的三级结构，是双螺旋的首尾相接形成的环状或麻花状。线粒体、叶绿体、细菌质粒也可形成封闭环状结构。

真核生物 DNA 的三级结构与蛋白质的结合有关。与 DNA 相结合的蛋白质可分为组蛋白和非组蛋白。DNA 双螺旋盘绕在组蛋白上形成核小体，组蛋白共有 H_1、H_2A、H_2B、H_3、H_4 五种。完整的核小体由核心和连接区两部分组成，其中，核小体的核心是由 H_2A、H_2B、H_3、H_4 各两分子构成八聚体，然后由有 146 个碱基对的 DNA 链在该八聚体的表面缠绕 1.75 圈而构成。连接区由 H_1 和 20～80 个碱基对的 DNA 链构成。核心和连接区形成串珠样结构，然后 6 个核小体又绕成一圈空心螺线管，120 个螺线管又盘绕成超螺线管，最后形成棒状的染色体。

1.1.5 核酸的理化性质及其应用

1.1.5.1 核酸的酸碱性质

在核酸分子中磷酸将两个核苷连接在一起，每个磷酸在形成磷酸二酯键后，其残基还可以再释放一个氢离子，因此可以把核酸看成是多元酸。核酸分子中还有碱性基团，如碱基杂环上的氮原子及环上的氨基，所以核酸是酸碱两性物质，由于核酸磷酸基的酸性较强，所以通常表现为较强的酸性。核酸在中性或弱碱性的溶液中带负电荷，等电点一般较低。

1.1.5.2 核酸的紫外吸收性质

由于核酸分子所含的碱基中都有共轭双键，故使得碱基、核苷、核苷酸和核酸在 240～290nm 的紫外波段有较强的吸收光，核酸的最大紫外吸收波长在 260nm（图 1-14），蛋白质的最大紫外吸收波长在 280nm。利用紫外吸收特性，可以鉴别核酸样本中蛋白质杂质，对核酸进行定性、定量分析，紫外吸收值还可作为核酸变性、复性的指标。通过样品溶液 260nm 和 280nm 处吸光度的比值，可估计核酸的纯度。对于纯的 DNA 和 RNA 来说，A_{260}/A_{280} 应分别为 1.8 和 2.0，若有蛋白质等杂质的污染，则比值下降。

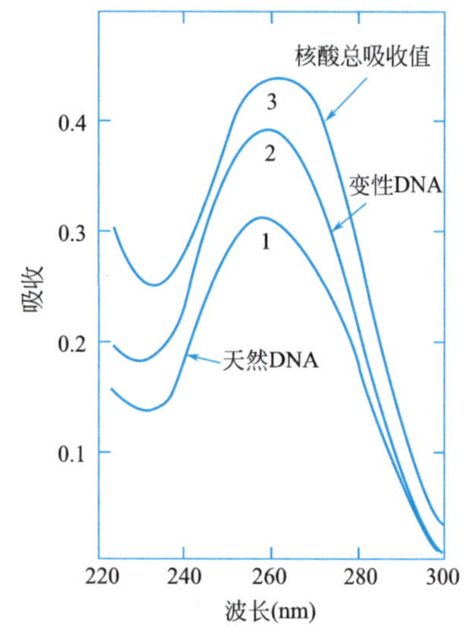

图 1-14 DNA 的紫外吸收光谱

1.1.5.3 核酸的变性和复性

核酸的变性和复性是指核酸分子在特定条件下发生解旋（变性）和重新形成双螺旋结构（复性）的过程。

1. 核酸的变性

核酸的变性（Denaturation）是指双螺旋结构中的两条链分开，使得 DNA 或 RNA 变成无规卷曲的构象。核酸的变性仅涉及氢键的断裂，并不涉及共价键的断裂，因此变性后核酸的分子量不变。如果多核苷酸骨架上共价键（3′,5′-磷酸二酯键）发生断裂，则称为核酸的降解。

引起核酸变性的因素很多，加热、过酸或者过碱都会导致核酸变性。由温度升高而引起的变性称为热变性，由酸碱度改变而引起的称为酸碱变性。此外，某些化学试剂如尿素、甲酰胺或者一些有机溶剂，也会引起核酸变性。

变性后的核酸生物活性丧失、黏度降低、紫外吸收增加。变性后的核酸在 260nm 处的光吸收增强，称为增色效应。

在核酸变性中，以 DNA 变性最为多见。由于加热会引起 DNA 的双螺旋氢键断裂，双螺旋结构解体，因此 DNA 的热变性又称为 DNA 的解链或融解作用。如果以温度相对于 A_{260} 值作图，得到的曲线称为解链曲线（图 1-15）。从图中可以看出，DNA 的变性发生在一个较窄的温度范围内，通常将热变性过程中 DNA 紫外吸收值达到最大值的 50%时的温度称为解链温度，又称融解温度（T_m），DNA 的 T_m 值一般在 82～95℃之间。

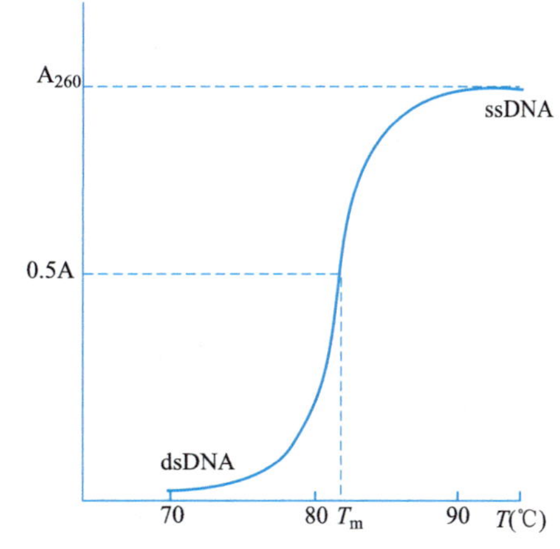

图 1-15　DNA 的解链曲线

DNA 的 T_m 值大小与下列因素有关：

（1）碱基组成

在特定的溶液中 DNA 的 T_m 值与分子中 G+C 所占总碱基数的百分比成正相关，G+C 含量愈高，核酸的 T_m 值愈大，这是因为 G-C 之间有 3 个氢键，其稳定性比 A-T 碱基对高（A-T 碱基对间是 2 个氢键）。T_m 值与 DNA 碱基组成的经验公式为：$T_m=69.3+0.41$（G+C）%，小于 20bp 的寡核苷酸片段的 T_m 值可用公式计算：$T_m=4$（G+C）+2（A+T）。

（2）DNA 的均一性

均一性是指 DNA 分子中碱基组成的一致性，例如人工合成的只含有一种碱基对的多聚核苷酸（或目标样品中只含有一种 DNA 等），则 T_m 值范围较窄。T_m 值可作为衡量 DNA 样品均一性的标准。

（3）溶液的离子强度

同一种 DNA 分子在不同的离子强度的溶液中，其 T_m 值不同。一般离子强度较高时，T_m 值较高，溶解温度范围较窄。离子强度较低时，T_m 值较低，溶解范围较宽。这是由于溶液中的阳离子与 DNA 分子中带负电荷的磷酸基团形成了离子键，所以需要较高温度才能使 DNA 变性。DNA 制品通常保存在较高离子强度的溶液或者缓冲液中。

（4）pH 值

核酸溶液的 pH 在 5～9 时，T_m 变化不明显。当溶液 pH<3 时，核酸的所有的氢键均被破坏，DNA 完全变性。

（5）变性剂

变性剂的存在可以影响氢键和碱基堆积力的形成，从而降低 T_m 值。常用的变性剂有二甲亚砜（DMSO）、尿素、甲酰胺等。例如，加入 30% DMSO 可使 T2 噬菌体 DNA 的 T_m 值比原先降低 14℃，而使用甲酰胺溶液甚至可使 DNA 在室温下变性，反应液中每增加 1%的甲酰胺浓度，T_m 值可降低 0.72℃。

2. 核酸的复性

核酸的复性（Renaturation）是指变性条件缓慢去除后，变性的核酸分子重新形成双螺旋结构的过程，即两条链重新结合。热变性后，将温度缓慢降低而使 DNA 逐渐冷却即可复性，此过程称为退火（Annealing）。复性后的 DNA，许多理化性质都能得到恢复，但热变性后骤然冷却，DNA 则不可复性。

核酸的变性和复性过程对于生物学中的一些重要现象具有重要意义，例如 PCR（聚合酶链反应）技术中的温度循环步骤。

3. 分子杂交

不同来源的 DNA 变性后，放在一起或单链 DNA 与 RNA 放在一起复性时，只要彼此含有互补碱基序列，就可以结合形成杂化双链，这个过程称为核酸分子杂交（Hybridization）。杂化双链可以在不同的 DNA 与 DNA 之间形成也可以在 DNA 与 RNA 或 RNA 与 RNA 之间形成。

分子杂交是核酸研究和诊断的一个重要工具，在疾病的诊断、肿瘤病因学研究及基因工程等方面具有重要的作用。

1.2 基因与基因组

1.2.1 基因

1866 年，被誉为“遗传学之父”的奥地利科学家孟德尔（J. Mendel）在《植物的杂交试验》一文中提出，生物体的某一特定性状是受一个遗传因子（Genetic Factor）所控制的，认为这种因子是分散的颗粒状的独立遗传因子，可从亲代传递给子代。作为现代基因学的创始人美国科学家摩尔根进行了大量果蝇遗传学实验研究，并于 1926 年发表了基因论，他发现遗传因子是在特定的染色体上的，且呈线性排列。

1.2.1.1 基因的概念

基因是直线排列在染色体上的遗传颗粒。从遗传学角度来看，基因是生物的遗传物质，是遗传的基本单位，即基因既是携带生物体遗传信息的结构单位，也是控制一个稳定性状的功能单位，并且是能突变生成不同等位基因的突变单位以及能与另一染色体的同等部位进行重组的单位。从分子生物学的角度来看，基因是负载特定遗传信息的 DNA 片段或 RNA 片段（部分病毒如烟草花叶病毒、HIV 病毒的遗传物质是 RNA）。在一定条件下，能够表达这种遗传信息，变成特定的生理功能。

基因具有双重属性：物质性（存在方式）和信息性（根本属性）。基因一词通常指染色体基因。在真核生物中，由于染色体在细胞核内，所以又称为核基因。位于线粒体和叶绿体等细胞器中的基因则称为染色体外基因、核外基因或细胞质基因，也可以分别称为线粒体基因、质粒和叶绿体基因。

基因通过遗传和表观遗传机制影响生物体的各种生命过程，包括生长发育、代谢调控和免疫反应等。基因也是由四种脱氧核糖核苷酸（或核糖核苷酸）线性排列的，按一定种类和排列顺序的核苷酸负载着遗传信息。当构成基因的核苷酸如在种类、数量或者排列顺序上发生改变，基因就会发生突变，大多数突变会引起基因功能的改变，使生物体的形状出现变化，不同基因之间可通过核苷酸的中心排列而发生重组，重组后，基因的功能也相应的发生改变。因此基因是遗传信息、重组和表达的基本单位。

基因具有以下特点：

1. DNA 上的位置

基因通常位于 DNA 分子上的特定位置，称为基因座。每个基因座包含了一个或多个与生物体的结构和功能相关的基因。

2. 遗传信息的载体

基因携带着遗传信息，这些信息以序列化的形式编码在 DNA 的碱基对中。DNA 中的四种碱基（腺嘌呤、胞嘧啶、鸟嘌呤、胸腺嘧啶）的排列顺序决定了基因的信息内容。

3. 编码蛋白质

大多数基因编码蛋白质，这是生物体结构和功能的重要组成部分。通过转录，基因的信息被转录成 RNA，然后通过翻译转换成蛋白质。

4. 非编码 RNA

一些基因并不直接编码蛋白质，而是产生非编码 RNA，这些 RNA 在细胞中执行不同的功能，如调节基因表达等。

5. 突变和多态性

基因可以通过突变发生变化，这可能影响蛋白质的结构和功能。基因的不同变体形式称为等位基因，而一个基因座上可能存在多个等位基因。

6. 表达调控

基因的表达可以被调控，使其在特定时刻和条件下产生适量的产物。这种调控是细胞和生物体内复杂的调控网络的一部分。

7. 遗传传递

基因通过遗传物质的传递，由父代传递给子代。这是生物体遗传信息传承的基础。

8. 基因组

一个生物体的基因总体称为基因组。基因组包含了所有的基因以及非编码区域，共同编码了生物体的遗传信息。

综上所述，基因是生命的基础单位，对于维持生物体的结构和功能以及在进化中起到关键作用。研究基因有助于理解生物学、医学、进化和遗传学等多个领域。

1.2.1.2　基因概念的发展历程

基因概念的发展经历了多个重要阶段，这些阶段包括了从基本遗传现象的观察到对基因的分子本质和功能的深入理解。由最初的孟德尔遗传定律到分子生物学时代的基因工程，见证了人类对生命奥秘认知的深刻变革。

19 世纪 60 年代，孟德尔通过观察豌豆的遗传特征，提出了遗传学的基本定律，包括隔代遗传和基因的分离定律等，奠定了遗传学的基础。

19 世纪末，科学家们在细胞观察中，发现了染色体在有丝分裂中的行为，认识到染色体是遗传物质的载体，从而提出了基因可能位于染色体上的假设。

20 世纪初，托马斯·摩尔根和其实验室的科学家在果蝇身上发现了基因连锁和遗传连锁的现象，这些观察支持了染色体理论，并使得基因的位点和遗传物质的性质更具体化。

20 世纪 20～50 年代，科学家发现了 DNA 的存在和其作为遗传物质的重要性。1928 年，弗雷德里克·格里菲斯的转化实验显示了细菌遗传物质的 DNA 特性。1953 年，詹姆斯·沃森和弗朗西斯·克里克提出了 DNA 的双螺旋结构模型。

20 世纪中期，分子生物学家确定了 DNA 如何编码蛋白质的过程，这一过程被称为转录和翻译。这一发现揭示了基因对蛋白质合成的控制作用。

20 世纪后期，分子生物学的发展使得科学家们能够更深入地研究基因的分子本质和功能。克隆技术、基因工程和基因组学等领域的发展使得对基因的研究更为全面和深入。

20 世纪末和 21 世纪初的基因组计划使得科学家们能够对不同生物种类的基因组进行测序和分析。后基因组时代的研究聚焦于基因与环境、基因调控网络等更复杂的层面。

这些历史性的发现和进展推动了基因概念的不断演变和完善，使得我们对遗传物质的本质和作用有了更深入的理解。

1.2.1.3 基因的分类

基因按其结构和位置，可分为以下几种：

1. 单一基因（Haplogene）

单一基因是构成基因的核苷酸序列在基因组中只出现一次的基因。

2. 重复基因（Replication gene）

重复基因是构成基因的核苷酸序列在基因组中有许多份拷贝，例如一些编码 rRNA 的基因就有成千上万。

3. 断裂基因（Split gene）

断裂基因是构成基因的核苷酸序列中负责编码氨基酸的序列不连续，插入了不编码氨基酸的序列，即一个基因被非编码序列分成几个不连续片段。美国科学家 R. Roberts 和 P. Sharp 因于 1977 年首先发现基因断裂现象，而获得 1988 年诺贝尔医学和生理学奖。真核生物的基因基本上都是由编码序列和非编码序列两部分组成，编码序列是不连续的，被非编码序列分隔开，形成镶嵌排列的断裂形式，因此真核生物的基因是代表性的断裂基因。编码序列称为外显子，非编码序列称为内含子，二者相间排列。各种基因复杂程度不同，所含内含子数目和大小不同。例如，人的血红蛋白 β 链基因是由 3 个外显子和 2 个内含子组成，全长约 1600bp，其中短的内含子只有 130bp，长的可达 850bp。基因中的内含子，在转录后被切掉，这样编码肽链不同区域的外显子就拼接起来，然后到细胞质中翻译成一定的基因产物。

4. 重叠基因（Overlapping gene）

重叠基因，是指两个或两个以上的基因共用一段 DNA 的现象，最早见于病毒基因组。1977 年，在噬菌体 φX174 的基因组中发现了重叠基因的现象（图 1-16）。根据这种噬菌体的基因产物推算，其基因组应有 6000 个以上核苷酸，但根据 DNA 序列分析，实际上不到 5400 个核苷酸，其根本原因就是许多基因存在相互重叠的现象。后续研究还发现 SV40 病毒也存在重叠基因，SV40 序列中的 VP_1、VP_2 和 VP_3 3 个蛋白质基因有 122 个核苷酸重叠在一起，但阅读框码不同。VP_2 和 VP_3 有更大的重叠部分。T 抗原基因与 t 抗原基因有一个共同的起始密码子，密码的读法也相同，但 t 抗原基因完全包含在 T 抗原基因之内。越来越多的研究发现，重叠基因普遍存在于线粒体，叶绿体、真核生物的细胞核原核生物基因组中。

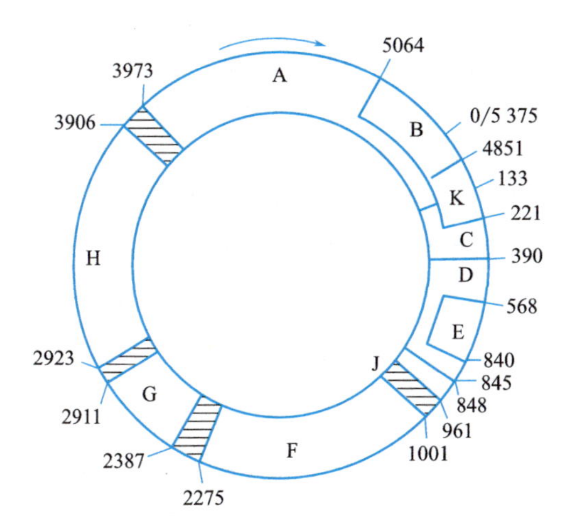

图 1-16　φX174 噬菌体基因组重叠基因图示

重叠基因可能以不同的方式发挥作用，具体取决于它们的相对方向和重叠程度。

(1) 同向重叠：基因在同一方向上重叠，共享一部分编码序列。这种情况下，两个基因可能共享一些调控元件，如启动子或增强子。

(2) 异向重叠：基因在相对方向上重叠，即它们的编码序列部分或完全相互重叠。这种情况下，一个基因的编码区域可能包含另一个基因的启动子或终止子。

重叠基因的存在使得基因组的功能更为复杂，也给生物提供了更多的遗传变异方式。在研究基因组时，科学家们需要仔细分析基因的结构和功能，以更好地理解生物体的遗传信息和调控机制。

5. 跳跃基因（Jump gene）

跳跃基因，是指某些基因或 DNA 片段可以从染色体上的一个位置转移到另一位置上，甚至可以跳到另一条染色体上，这种现象称为转座（Transposition），这种能转移的基因称为跳跃基因或转座基因。跳跃基因是 1951 年美国女科学家芭芭拉·麦克林托克在研究玉米籽粒斑点状着色的遗传时发现并提出的。20 世纪 60 年代末，人们在大肠杆菌发现了插入序列和转座子以后证实了跳跃基因的存在。真核生物除玉米外，其他的种类也存在跳跃基因，例如酵母菌的 Ty1 片段，果蝇的 Copia 基因（影响眼睛颜色）等。

转座基因通常由两个部分组成，一个是转座酶，它负责媒介基因的移动，另一个是转座基因的 DNA 序列本身。转座酶是一种特殊的酶，能够切割并重新连接 DNA 链，从而使得基因能够跳跃到不同的位置。转座基因的移动通常包括切割、复制和粘贴的步骤。转座酶切割源基因的 DNA 链，将基因复制并插入到新的位置，然后修复切割点，使得基因在基因组中的位置发生改变。

与传统的基因不同，转座基因具有独特的能力，能够自发地改变其在染色体上的位置，甚至可以跳跃到不同染色体上。这种能力使得转座基因在基因组的演化和多样性中起到了重要的作用。例如转座基因通过改变基因组的结构和组织，促使物种的适应性变化，在生物演化中发挥了重要功能。研究转座基因对于基因治疗和基因编辑等领域具有潜在的应用价值，通过理解和调控转座基因的活动，科学家们可以更好地利用这些机制来治疗或修改基因。

6. 基因簇（Gene Cluster）或超基因

在基因组内紧密连锁呈簇排列的一组结构基因，称为基因簇（Gene Cluster）。在人类基因组中，有12个大的基因簇，如α珠蛋白基因簇、β珠蛋白基因簇和组蛋白基因簇等。

7. 等位基因（Allele）和复等位基因

在一对同源染色体相同位置上的一对基因称为等位基因。在一个群体中，不同个体的同一对染色体相同位置上，如出现的等位基因不止两种，例如三个个体分别为A1/A2，A1/A3和A2/A4，则在相同基因座上不同的等位基因（如A1，A2，A3，A4）称为复等位基因。

基因按照其功能分为以下几种：

（1）结构基因（Structure Gene）

编码蛋白质分子或者RNA分子的基因，称为结构基因。据统计，人类基因组中大约有5万～10万个结构基因，占总基因组的2%～3%左右，这说明结构基因仅占人类基因组DNA序列中的很小一部分，而其余大部分DNA序列是为结构基因的表达起调控作用的。

癌基因和抗癌基因或肿瘤抑制基因都是结构基因，都有自身的蛋白质产物，因其与肿瘤发生有关，所以是研究者关注的焦点。

（2）调控基因（Regulator Gene）

有些基因编码产生蛋白质或没有产物，但都对结构基因的表达起调控作用，如启动或关闭基因转录，增强或抑制基因表达活性，这些都是调控基因。一些起调控作用的DNA序列，或是位于基因的侧翼，或是位于结构基因的序列之中。

（3）假基因（Pseudogene）

假基因是一种畸变基因，它的核苷酸序列同有功能的、正常的结构基因有很高的同源性，但由于碱基置换、缺失或插入等突变，使基因不能表达，或虽有蛋白质产物但没有生物功能，只能通过免疫反应测定才能知道其存在，所以假基因是没有生物活性的。假基因通常用符号"ψ"来表示。如珠蛋白基因簇中的ψα1表示与α1基因相似的假基因。

假基因的概念是1977年G. Jacq等人根据对非洲爪蟾5SrRNA基因簇的研究提出的。5SrRNA基因重复单位约700bp，其中有活性的编码序列约120bp，而相邻的一个有101bp的序列的基因与具有编码活性序列的5S基因的前101碱基序列是完全相同的，但缺少了19bp片段。由于在体内从未检测出过这段与5SrRNA基因的序列基本相同的基因转录出的mRNA，说明它是没有表达活性的，DNA序列分析表明这个假基因上缺乏正常转录的起始信号。

1.2.2 基因组

1.2.2.1 基因组概述

基因组的解读对于理解生命的本质、遗传变异、进化和疾病的发生发展至关重要。基因组研究从20世纪70年代才真正开始，受核酸测序技术的限制，当时仅对病毒基因组进行了研究。1990年，随着人类基因组计划的启动和顺利实施以及酵母、线虫、拟南芥、果蝇、水稻和小鼠等模式生物基因组测序的陆续完成，人类正式进入了基因组时代。随着技术的发展，基因组学的研究变得越来越深入，测序技术的进步使得大规模的基因组测序成为可能。目前，基因组序列数据正以爆炸式的速度增长，为生命科学各领域的研究与应用提供了丰富的数据资源。

基因组学的应用不仅限于人类，还包括植物、动物、微生物等各个领域。通过比较不同物种的基因组，科学家们可以了解生物进化的历程，研究基因在适应环境变化中的作用。在医学领域，基因组学的发展为疾病的诊断、治疗和预防提供了新的途径。了解个体基因组有助于精准医疗的实现，通过对个体基因的特异性了解，为个体提供更加个性化和有效的医疗方案。总的来说，基因组是一个生物体内所有遗传信息的精确记录，它是生物学、医学和进化学等多个领域研究的核心。通过深入研究基因组，人类更加理解生命的奥秘，为未来的科学研究和医学实践提供坚实的基础。

1.2.2.2 基因组的概念

基因组最早是由汉斯·温克勒在1920年提出的，指的是细胞或非细胞生物体中，一套完整单倍体的遗传物质的总和，包括所有基因和基因间的区域。病毒和噬菌体中所含的全部核酸（包括DNA和RNA）就是它们的基因组。大部分的原核生物只有1条染色体，它包含了该生物的全套基因，构成了该生物的基因组。真核生物的情况比较复杂，含有多条染色体，存在于细胞核中的能够体现正常组织功能的整套染色体就是该生物的基因组。此外真核生物还有核外基因组，如线粒体基因组。

基因组大小称为*C*值，不同生物*C*值相差很大。例如秀丽线虫基因组大小约为6.6×10^{7}bp，黑腹果蝇增加到约10^{8}bp，而哺乳动物的基因组约则达2×10^{9}bp。随着生物复杂度的增加，最小基因组的大小也随着增加，*C*值大小与遗传复杂性之间缺乏必然联系。例如爪蟾的基因组大小实际上与人类的相同，而人类在遗传发育上要比蟾蜍复杂得多。通常，人们把一个物种任意组织或细胞中提取的DNA，或者由DNA制备的“文库”，称为基因组DNA或基因组文库。基因组DNA与DNA文库所包含的是可转录的与不可转录的两部分。例如，从精子与卵子中提取的DNA应该是基因组DNA，由精子和卵子DNA制备的文库也是基因组文库。

1.2.2.3 基因组研究的主要内容

基因组研究涵盖了许多领域和内容，旨在深入理解生物体的遗传信息、表达和调控机制、进化等。以下是基因组研究的主要内容：

1. 基因结构与功能

（1）基因鉴定和标注：确定基因组中编码蛋白质或RNA的基因位置和结构。

（2）功能注释：解析基因的功能，包括其编码的蛋白质或RNA的功能以及在细胞过程中的作用。

（3）非编码区域研究：研究调控元件（如启动子、增强子）、转录调控序列等在基因表达和调控中的功能。

2. 基因组变异和多样性

（1）单核苷酸多态性（SNP）和结构变异：研究人群中的基因组变异，了解不同个体和种群之间的遗传差异。

（2）基因组编辑和修饰：利用 CRISPR 等技术对基因组进行定点编辑，探索基因功能及其与表型之间的关联。

3. 进化和比较基因组学

（1）物种间比较：比较不同物种的基因组，了解物种的进化历史、相似性和多样性。

（2）复杂性和适应性：研究复杂特征的基因组基础，例如人类智力、疾病抵抗性等。

4. 生物信息学和数据分析

（1）测序技术与工具：开发和改进基因组测序技术，提高测序效率和准确性。

（2）数据处理与分析：运用生物信息学工具和算法处理大规模基因组数据，包括序列比对、功能注释和系统生物学模拟。

5. 医学应用和个性化医疗

（1）遗传性疾病和疾病基因组学：研究遗传疾病的基因基础，寻找相关基因突变和风险因子。

（2）个体基因组学和精准医疗：利用个体基因组信息为疾病诊断、治疗和预防提供定制化的医疗方案。

6. 传代遗传和环境因素

（1）表观遗传学：研究基因组表达的调控机制，包括 DNA 甲基化、组蛋白修饰等表观遗传学调控。

（2）遗传与环境相互作用：探究基因与环境之间相互作用对表型和健康的影响。

基因组研究的广泛内容涉及生物学、医学、进化学等多个领域，为我们更全面地理解生命的本质、遗传机制和疾病发生提供了深刻的见解。随着技术的进步和知识的积累，基因组研究将持续推动科学和医学的进步。

1.2.2.4 基因组测序

基因组测序是一种通过实验方法确定生物体所有基因组 DNA 序列的过程。这项技术的发展对于理解基因组结构、功能和遗传信息的传递至关重要。基因组测序的过程可以概括为以下几个步骤：

1. 样本采集

首先，需要从待测生物体中采集 DNA 样本。这个生物体可以是人类、动物、植物、微生物等。样本的质量和纯度对后续测序结果有很大的影响。

2. DNA 提取

从采集到的样本中提取 DNA。这个步骤旨在获取足够纯净和高质量的 DNA，以确保在后续的测序过程中获得可靠的结果。

3. 文库制备

提取的 DNA 会经过一系列的处理步骤，包括切割成小片段，然后连接到载体上，形成一个 DNA 文库。文库制备的质量直接影响后续测序的准确性。

4. 测序

文库制备完成后，进入测序阶段。测序技术有多种，其中常见的包括 Sanger 测序、高通量测序、PacBio 测序等。这些技术使用不同的方法和平台，但目标都是读取 DNA 序列中的碱基信息。

5. 数据分析

测序完成后，得到的原始数据需要进行生物信息学分析。这包括去除测序中的误差，拼接碱基序列，标注基因和其他功能元件等。生物信息学工具和算法在这个阶段发挥关键作用。

6. 注释

对基因组进行注释，即将已测序的 DNA 序列中的基因和其他功能元件进行标记和描述。这可以通过比对参考基因组或利用数据库进行功能注释。

基因组测序的应用十分广泛，包括但不限于：

(1) 基础研究：通过对不同生物体的基因组进行测序，科学家可以了解基因的结构、功能和演化，揭示生命的奥秘。

(2) 医学研究：基因组测序在研究遗传性疾病、个体化医疗和药物研发等方面发挥着重要作用。

(3) 生态学：通过对环境中微生物的基因组进行测序，了解微生物群落的结构和功能，有助于生态学和环境保护研究。

(4) 农业和种植业：基因组测序可用于改良作物、提高农业产量，也有助于理解植物抗病性等重要性状。

随着技术的不断发展，基因组测序的成本不断下降，测序速度和准确性也不断提高，为更广泛的研究和应用提供了可能。

1.2.2.5　基因组学

基因组学是研究基因组的科学，经典的遗传学与基因组学的相同之处都是研究基因，不同之处是基因组学研究的是生物整个基因组，而不是一个或几个基因。

基因组学是近年来兴起的一门新兴学科，存在以下特点：

1. 以序列为基础

基因组学的重要特点是以一个基因组的 DNA 序列为基础，对一个物种真正的基因组学研究开始于它的基因组 DNA 序列的测定。国际数据库（如美国的 NCBI，National Center for Biotechnology Information，国家生物信息学中心）快速增长的序列，就是整个基因组学快速发展的标志。从这个角度而言，没有 DNA 序列，就没有现在的基因组学。

2. 以数据为导向

DNA 双螺旋结构的提出揭示了碱基的排列顺序蕴藏着一个物种所有的遗传信息，这标志着生命的遗传信息是数字化的。生物信息学是基因组学的技术基础。

3. 以大规模为前提

基因组学的特点首先是反映在它的研究对象是一个物种的整个基因组，这是经典遗传学所不能比拟的。

4. 以系统性为标志

基因组学的研究是全方位的，不仅研究静态的基因组结构，还有研究生命的动态发育和进化。不仅研究 DNA，还研究 RNA 和蛋白质，此外还包括研究生物分子的结构以及相关的代谢途径和信号传递网络。

5. 以基础性为特点

基因组学研究是生命科学相关学科的基础，国际基因组数据库，如 GenBank 等，促进了各学科的发展。

1.2.2.6 人类基因组学研究

对人类基因组的研究开始于人类基因组计划的实施。人类基因组计划（Human Genome Project，HGP）是 20 世纪 90 年代初开始的全球范围的全面研究人类基因组的重大科学项目，其技术目标是建立人类基因组的结构图谱，即遗传图、物理图与序列图，并在“制图-测序”的基础上最终确定人类基因组所携带的全部遗传信息，并确定、阐明和记录组成人类基因组的全部 DNA 序列。

随着人类基因组计划取得重大进展，人类基因组学的内容和范畴也得到了相应的发展，主要包括以下几个方面：

1. 人类结构基因组学

人类结构基因组学是研究人类基因组结构的科学，是基因组学最基础部分，也是人类基因组计划（HGP）的第一步，即测定人类基因组 DNA 中（3.2×10^{9} bp）所有基因的结构。它集中反映在遗传图、物理图、转录图和序列图以及在此基础上建立的基因图。

（1）遗传图

遗传图又称连锁图或遗传连锁图，是人类基因组的界标，定位克隆的基础与先决条件，因而也是“人类基因组计划”的重要内容。遗传图是以具有遗传多态性的遗传标记为“位标”，以遗传距离为“间距”的基因组图。

遗传性多态性，是指在一个遗传座位上，具有一个以上的等位基因，且各个等位基因在群体中的出现率皆高于1%。这种多态性座位可以作为遗传图的“位标”。遗传标记，是指基因组中有一定位置，并能用于检测涉及该座位的遗传重组的标记。遗传学距离，是指染色体上两个连锁基因座位的距离，用重组率表示。重组率为1%者，相距一个遗传学距离，或一个厘摩（centiMorgan，cM），在人类重组率为 1%=lcM=1000kb=1Mb。两个座位之间的距离越远，两个座位之间发生重组的机会越高，反之亦然，即重组率与遗传学距离呈正相关。同一染色体上座位之间的遗传学距离是可以累加的，人类基因组的遗传大小为 3600cM。只有具有多态性的座位，才有可能检测出遗传重组的发生，才有作为“遗传标记”的价值。1987 年，Keller 等人，建立了人类第一张以限制性片段长度多态（RFLP）为遗传标记的遗传图，后来又建立了以短串联重复（STR）为主体的遗传标记所组成的连锁图，平均分辨率已达 0.7cM，已能满足单基因性状的定位克隆要求，也为多基因疾病的定位奠定了基础。1996 年，Lander 又提出了以单个核苷酸多态（SNP）为遗传标记，即不再以“长度”的差异作为检测手段，而直接以序列的变异作为标记。

（2）物理图

物理图是以一段已知核苷酸序列的 DNA 片段（序列标记部位，STS）为“位标”，以碱基对的大小（Mb，kb）作为图距的基因组图，是人类基因组计划技术内容之一。DNA 克隆技术和 PCR 技术的应用是物理图与遗传图建立的技术基础。

（3）序列图

序列图，即分子水平的物理图。人类基因组的核苷酸序列图也就是分子水平的最高层次的、最详尽的物理图。测定的总长度约为 1m，由 30 多亿对核苷酸组成的序列图是人类基因组计划中最为明确以及最为艰巨的定量、定质、定时的任务。

（4）转录图

转录图，又称表达图，是在染色体或基因组 DNA 片段克隆下识别并精确定位编码顺序（外显子），根据各编码顺序间的距离绘成的一种物理图谱。生物的遗传性状都是由蛋白质决定的，而蛋白质都是由 mRNA 依照“遗传密码”编码的。在人类基因组中，只有 2%～3%的 DNA 序列为编码序列。如果能把 mRNA 或 cDNA（与 mRNA 互补的 DNA 代表基因转录表达产物）分离、定位，就抓住了基因的主要部分（可转录部分）。因此，一张人类基因的转录图，也称 DNA 图或表达序列图。

转录图与一般的物理图谱有所不同，由于它所使用的位标均为表达序列，因而直接指示了基因在染色体上的分布，转录图是基因图的雏形。转录图的构建在目前未知基因的定位克隆研究中已经成为必不可少的步骤，它是定位克隆中的工具图。此外，转录图是对一个基因进行分析的基础，当某个基因的所有外显子在基因组中被精准定位之后，便可以方便地进行基因表达、调控和突变的研究。

人类基因组计划提供的这“四张图”，涵盖了不同层次的内容，它逐渐揭示出决定人类生、老、病、死的所有遗传信息之谜，奠定了 21 世纪生物学、医学进一步发展与飞跃的基础。

2. 功能基因组学

DNA 全序列图只是显示出基因组中所有核苷酸的排列顺序，并没有直接告诉我们这些核苷酸可构成哪些基因，这些基因具有何种功能以及这些基因在不同的组织和不同的发育阶段又是如何表达的。只有明确这些问题，我们才能真正认识人类生、老、病、死的最终奥秘。在人类基因组序列图谱完成后，科学家将生命科学的战略重点转移到以阐明人类基因组整体功能为宗旨的功能基因组学上来。传统的基因功能研究集中在单个基因上，通过突变体的表型分析相应基因的功能。因为多细胞生命体的许多表型和特征是多基因调控的复杂过程，仅对单基因的认定不能对其他相关功能基因进行客观分析，一定程度上限制了生命科学的发展。功能基因组学的目标则是力图揭示某一生物学事件中（如发育和疾病等）参与的全部基因群所发生的变化，从总体掌握相关基因或蛋白质在事件中的时空变化规律。

3. 比较基因组学

比较基因组学是在基因组图谱和测序基础上，在 DNA 水平对不同生物基因组的结构进行比较，以研究基因的结构功能、表达机制和物种进化的学科。在人类基因组的研究中，对大肠杆菌、秀丽线虫、果蝇、酵母和小鼠等模式生物的研究占有极其重要的地位。

比较基因组学一般包括两个方面的内容：

（1）不同物种基因组的比较

通过比较不同物种的基因组，探索所有生物基因组进化的持续性、变异性、生物亲缘关系的远近以及进化过程中基因组的演化，了解生化代谢途径和生理功能的同一性与特殊性。通过对不同模式生物基因组序列的比较发现，21%的基因是原核生物与真核生物所共有的基因，这些基因可能涉及代谢、DNA 复制、转录和翻译等生存必需的蛋白质；32%的基因为真核生物所有，可能涉及细胞骨架、特殊细胞器的构成等；24%的基因是动物所有，可能涉及不同组织类型的发生；22%的基因为脊椎动物独有，可能涉及免疫系统和神经系统的形成。

（2）人类不同基因组的比较

不同的人种、不同的族群、不同的群体、不同的个体在其遗传性状上，特别是对疾病与病原体的易感性的不同，揭示对人类不同基因组研究的重要性。基因组信息记录着一个生命的全部奥秘，这对于人类的健康、疾病的诊断、预防治疗都很重要。此外，比较基因组学还把研究对象扩大到古代DNA，可为人类的起源和进化的研究提供有力的证据。

4. 人类基因组概貌

人类基因组全序列实际上是一长串由4个含氮碱基（AGCT）组成的序列，是由30亿个碱基对写成的“天书”。人类基因组计划的完成并不代表人类所有基因及其间隔序列完全确定，基因的注释和功能研究是一项更艰巨、更有价值的研究任务。序列注释是应用生物信息学技术，根据现有的人类及其他生物体的基因组信息，对人类基因组的基本概貌所做的初步分析，还存在大量未知领域有待探索。初步分析的结果已经提供了全新的人类基因组的概貌，为后基因组时代的功能基因组学和蛋白质组学研究奠定了基础。人类基因组序列分析的结果概括如下：

（1）GC含量。人类基因组GC含量平均为41%，波动范围在33%～65%之间。存在GC丰富区和贫乏区，GC含量与基因的密度、重复序列组成、染色体区带及重组率有关。

（2）CpG岛。CpG岛（CpG island）是用来描述哺乳动物基因组DNA中的一部分序列，其特点是胞嘧啶（C）和鸟嘌呤（G）的总和超过4种碱基总和的50%，即约每10个核苷酸出现一次双核苷酸序列CG。CpG岛在人类DNA中含量非常低（0.8%），基因组中共有CpG岛50267个，剔除重复序列中一般无功能的CpG岛，还有28890个。大多数CpG岛小于1800bp，GC含量介于60%～70%。CpG岛的分布与基因的密度呈高度相关，在染色体间的分布不均，Y染色体中最少，每1兆基对（mega bp，Mb）有2.9个，其中19号染色体最多，每1Mb有43个，多数染色体每1Mb有5～15个CpG岛。

（3）染色体的重组率。染色体断臂的重组率比较高，在染色体末端（20～35Mb）的重组率高，着丝粒部分的重组率低，女性重组率比男性重组率高得多。

（4）基因突变率。基因突变率指单倍体细胞中某个基因出现突变的数量，即通常以100万个为单位来计算。人类中某些致病基因突变率的估计见表1-3。

人类中某些致病基因突变率的估计　　表1-3

基因	每代每100万基因的突变率/%
常染色体显性	
软骨发育不全	43
结节性硬化	4～8
多发性结肠息肉	13
视网膜母细胞瘤	6～18
亨廷顿舞蹈症	5
指甲髌骨发育不全综合征	2
面肩肱型肌营养不良	0.5

续表

基因	每代每 100 万基因的突变率/%
常染色体隐性	
囊性纤维变性	4
白化病	28～70
苯丙酮尿症	40
先天性鱼鳞症	11
X 连锁隐性	
血友病	20～32
Duchenne 型肌营养不良症	43～95

此外在减数分裂过程中，男性突变率是女性的 2 倍，说明大多数突变发生在男性。

(5) 重复序列的含量。重复序列包括短散布元件（Short Interspersed Nuclear Element，SINE)、长散布元件（Long Interspersed Nuclear Element，LINE)、长末端重复序列（Long Terminal Repeat，LTR)、卫星 DNA（Satellite DNA)、转座子、片段性重复序列（指从基因组的一个区域拷贝到另一个区域的 10～300kb 的重复序列)，分别占基因组的 13%、20%、8%、3%、3%和 5%。全部重复序列至少占基因组的 53%。

(6) 单核苷酸多态性的含量。单核苷酸多态性（Single Nucleotide Polymorphism，SNP）是 1996 年发现的散在的单个碱基的双等位基因的变异，包括置换、缺失和插入等，在基因组中分布频密，可实现自动化和批量化检测，是目前研究较热的新一代遗传标记。在人类基因组中已有 210 万个单核苷酸多态性（SNP）位点被证实，使得在人群中进行全基因组范围内的基因连锁分析成为可能，为绘制疾病相关基因图谱，研究人类进化史提供了强有力的工具。

(7) 基因数量。人类基因总数在 2.6 万～3.9 万个之间，目前比较公认的数字是少于 3 万个，远少于原先预计的 10 万个，仅仅是果蝇和线虫的 2 倍。编码序列占基因组的比例较低，平均占 5%。基因密度在第 17 号、第 19 号和第 22 号染色体上最高，在第 4 号、第 18 号、X 染色体和 Y 染色体上相对贫瘠。

(8) 蛋白质数量。人类基因由于存在较多的选择性剪接，使得蛋白质数量远远大于基因的数量。人类至少 35%的基因有选择性剪接，使得蛋白质初始表达产物为果蝇和线虫的 5 倍以上，修饰加工后数量更多。

(9) 疾病基因。目前已确定了数百个与疾病相关的基因，至少 30 个是直接依据人类基因组序列而定位克隆的。这些基因很可能作为药物作用的靶点。

(10) 人基因组序列 99.99%是相同的，人与人之间的基因组序列差异仅为万分之一。甚至有研究发现，来自不同人种比来自同一人种在基因组序列上更为相似。

5. 人类基因组计划在医学研究中的意义

(1) 特殊疾病基因的确定

人体的各种器官系统和组织常受到各种特殊疾病的侵袭，这些疾病对人类健康关系重大，但通过常规医疗手段无法进行诊断和治疗。通过认识这些疾病的基因序列以及确定发生了规律性改变的 DNA 片段，为这类疾病的诊断和治疗提供了可能。比如，Duchenne 型肌营养不良症、慢性肉芽肿、视网膜母细胞瘤、亨廷顿舞蹈症和家族性阿尔茨海默症等疾病的基因诊断等。各种人类基因组图谱会使寻找与特定遗传性疾病有关的基因的工作变得容易。多种遗传多态性标记的精细遗传连锁图谱使与疾病有关的位点定位在染色体亚区上成为可能，并可筛选合适的相关基因作为某种特定疾病的候选基因，通过特定突变序列与基因组数据库中的 DNA 序列比对，可获知疾病的突变热点，有利于进一步的基因功能研究。

（2）有利于优生和产前诊断

人类对基因组的了解会推动对遗传性疾病的诊断和预防。随着分离出的疾病基因的增多，以 DNA 为基础的诊断会更为普遍。

通过基因检测，应用特定的 DNA 探针，可检测出疾病基因的携带者，进而可识别出带有遗传性疾病的胚胎细胞，可用于植入前的遗传学诊断。比如囊性纤维变性和镰状细胞贫血。

（3）加强对癌症的认识和治疗

分子遗传学研究表明，细胞分裂的失控是因为特定基因的异常造成的。遗传的缺陷通常会使人体对特定的癌症具有较高的易感性。寻找与癌症相关的基因是当前医学研究的热点之一。人类基因组计划将会大大地促进这方面的研究。一旦确定了易感基因，就可以进行癌前或早期癌症的特殊监护和治疗。

尽管人类对癌症的认识已有很大的进步，但是仍然存在着许多问题。何种原癌基因表达的蛋白质参与细胞生长与分化的调节？原癌基因和抑癌基因的突变如何使细胞发展成肿瘤，进而转移扩散到其他器官？这些问题的解决将依赖于人类基因组计划的研究。

（4）有利于医学生物学的研究

1）确定人类基因组中的转座子、逆转座子和病毒残余序列的分布，了解有关病毒基因组浸染人类基因组的情况，可指导人类有效地利用病毒载体进行基因治疗。

2）对染色体和个体之间多样性的研究结果可被广泛用于基因诊断、亲子鉴定、组织配型、法医物证的研究中。

3）研究 DNA 的突变重排和染色体断裂等，了解疾病的分子机制，为这些疾病的预后以及分子水平上的诊断、预防和治疗提供依据。

1.2.2.7 其他基因组学研究

1. 水稻基因组

2001 年 10 月 12 日，中国科学院、科技部和国家计委联合向全世界宣布，中国率先完成水稻（籼稻）基因组工作框架图的绘制，并免费公布数据库。数据库的无偿使用，得到了国内外同行的一致好评。2002 年 4 月 5 日，国际最权威的《科学》杂志以 14 页的篇幅发表《水稻（籼稻）基因组的工作框架序列图》。此次公布的水稻基因组精细图是第一张农作物的全基因组精细图，对基因预测、基因功能鉴定的准确性以及基因表达、遗传育种等研究的贡献是一个质的飞跃。

2. 病毒基因组

与原核和真核生物染色体和染色体外基因组都是双链 DNA 不同，病毒基因组可以是

RNA或DNA，包括4种类型：双链DNA、单链DNA、双链RNA及单链RNA。基因组大小在不同病毒中差异较大，变化范围在$1.3\times10^{3}\sim3.6\times10^{6}$bp之间。痘病毒科是结构最为复杂的一类双链DNA病毒，其基因组最大，在$1.3\times10^{6}\sim3.6\times10^{6}$bp之间，编码数百个蛋白质，而乙型肝炎病毒结构简单，基因组仅有3.2kb，编码6个蛋白质。

1.2.2.8 基因组数据库

基因组数据库是分子生物信息数据库的重要组成部分，随着测序技术的迅速发展，人类已经得到了部分生物的全基因组数据，各种基因组数据内容丰富，分布在世界各地的信息中心、测序中心以及各类研究机构和高校。基因组数据库的主体是模式生物基因组数据库，其中最主要的是由世界各国的人类基因组研究中心、测序中心构建的各种人类基因组数据库。随着资源基因组计划的普遍实施，几十种动物、植物基因组数据库也纷纷上网，如英国Roslin研究所的ArkDB包括了猪、牛、绵羊、山羊、马等家畜以及鹿、狗、鸡等基因组数据库，美国、英国、日本等国的基因组中心的斑马鱼、罗非鱼、青鳉鱼、鲑鱼等鱼类基因组数据库。英国谷物网络组织（CropNet）建有玉米、大麦、高粱、菜豆农作物以及苜蓿、牧草、玫瑰等基因组数据库。除了模式生物基因组数据库外，基因组信息资源还包括染色体、基因突变、遗传疾病、分类学、比较基因组、基因调控和表达、放射杂交、基因图谱等各种数据库。

1. 人类基因组数据库

人类基因组数据库（Genome DataBase，GDB）是美国霍普金斯大学于1990年建立的，现由加拿大儿童医院生物信息中心负责管理与维护。GDB数据库用表格方式给出基因组结构数据，包括基因单位、PCR位点、细胞遗传标记、EST、叠连群（Contig）、重复片段等，并可显示基因组图谱，其中包括细胞遗传图、连锁图、放射杂交图、叠连群图、转录图等，同时给出等位基因等基因多态性数据库。此外，GDB数据库还包括了与核酸序列数据库GenBank和EMBL、遗传疾病数据库OMIM、文献摘要数据库MedLine等其他网络信息资源的超文本链接，以上信息对从事相关领域的研究人员具有重要的参考作用。

2. 其他核酸及相关数据库

INSD：国际核酸序列数据库（International Nucleotide Sequence Databank）。由日本的DDBJ、欧洲的EMBL和美国的GenBank三家各自建立并共同维护。

EMBL：欧洲分子生物学实验室的DNA和RNA序列库。

GenBank：美国国家生物技术信息中心（NCBI）所维护的供公众自由读取的、带注释的DNA序列的总数据库。

DDBJ：日本核酸数据库。

1.3 测序技术

1.3.1 测序技术概述

基因测序技术诞生于20世纪50年代，经过30多年的发展又诞生了高通量测序技术

(High-Throughput Sequencing，HTS)，又称为大规模平行测序技术（Massive Parallel Analysis，MPS)，这是相对 Sanger 法测序技术而言的。高通量测序技术的出现使得我们能对一个物种的基因组和转录组进行全面、细致的分析成为可能，因此 MPS 又被称为深度测序（Deep Sequencing)。高通量测序技术以能一次并行对几十万到几百万条 DNA 分子进行序列测定和一般读长较短等为标志，通过读取多个短 DNA 片段，拼接成完整的序列信息。与 Sanger 测序技术相比，高通量测序技术在处理大规模样品时具有显著的优势，在测序速度及测序通量上具有无可取代的地位。MPS 在无创产前筛查、肿瘤基因检测、组学分析、遗传性疾病诊断、个性化用药、农业研究等领域取得了广泛的应用，极大地推动了分子生物学、生物信息学、精准医学等领域的发展。

1.3.2 测序的发展历程

测序技术的发展可以追溯到科学家发现 DNA 是遗传物质。1944 年，美国微生物学家 Avery 和他的同事通过实验发现 DNA 是肺炎双球菌转化实验的关键，证实有活性的遗传物质是 DNA。赫尔希（Alfred Hershey）和蔡斯（Matha Chase）通过同位素标记的 T2 噬菌体增殖实验，证实 DNA 才是遗传物质。

1953 年，威尔金斯（Maurice Wilkins）和富兰克林（Rosalind Franklin）采用 X 射线衍射技术分析 DNA 晶体，沃森和克里克通过一张清晰的 DNA 衍射照片找到了一种可能的 DNA 结构，即 DNA 双螺旋结构，这是科学史上一个重要里程碑事件，标志着分子生物学的诞生。1962 年，沃森、克里克、威尔金斯三人因发现 DNA 双螺旋结构而获得当年的诺贝尔生理学或医学奖。

1965 年，酵母丙氨酸转移核糖核酸（tRNA）具有完全的生物活性，既能接受丙氨酸，又能将所携带的丙氨酸掺入蛋白质的合成体系中，因此在蛋白质生物合成中有着重要作用。tRNA 由 76 个核苷酸组成，其中除了 4 种常见的核苷酸外，还有 7 种稀有核苷酸。美国科学家霍利（Robert Holley）等人确定了第一个完整的核酸序列，即来自酿酒酵母的丙氨酸 tRNA。

1972 年，比利时分子生物学家费尔斯（Walter Fiers）测定了人类史上第一个完整的编码蛋白质的基因序列，即噬菌体 MS2 的衣壳蛋白序列，并于 1976 年获得了噬菌体 MS2 的完整基因组。

1977 年，DNA 测序技术进展有了重大突破，英国化学家桑格（Frederick Sanger）发明了双脱氧链终止法，吉尔伯特（Walter Gilbert）和他的学生马克萨姆（Allan Maxam）发明了化学降解法，随后，高通量测序技术，单分子测序技术应运而生，主要测序技术的发展历程如图 1-17 所示。

基因测序技术的发展历史，是效率、通量和成本的变革历史，促进了基因测序的普及，对生命科学和医学研究起到重大推动作用，也使得大规模商业化的应用变为可能。Sanger 测序技术的出现，实现了第一个基因组序列的测定，随着现代分子生物学技术的快速发展，高通量测序技术日益成熟，并且逐步发展出单分子测序技术。测序技术的进步对生物学研究领域发挥着重要的作用，同时对医学研究、临床诊疗、基础研究等方面具有重要的意义。

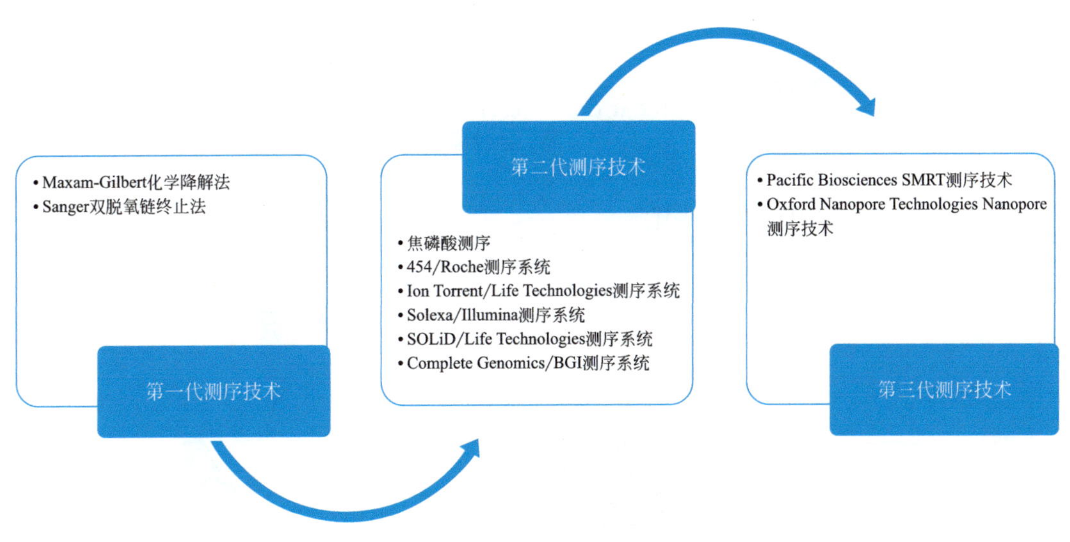

图 1-17 测序技术的发展历程

1.3.3 Sanger 测序技术

Sanger 测序技术包括由 Sanger 和 Coulson 开创的双脱氧链末端合成终止法（也称 Sanger 法）以及之后由 Maxam 和 Gilber 发明的化学法（又称链降解法）。

1.3.3.1 Sanger 测序

1977 年，Sanger 首次测定了一个噬菌体 φX174 的基因组序列，全长 5375 个碱基。自此，生命科学研究进入了基因组学时代，随后植物、人类、病毒等的组学信息逐步被发布，2001 年发布的人类基因组框架图，也是采用的 Sanger 法完成的。Sanger 在 1958 年和 1980 年获得两次诺贝尔化学奖，是历史第四位获得两次诺贝尔奖以及唯一获得两次化学奖的人：第一次获奖是凭借定序胰岛素的氨基酸序列，证明蛋白质具有明确构造，而第二次获奖就是发明了双脱氧链终止法。

Sanger 测序核心的工作原理是利用了 DNA 聚合酶合成反应。在合适的条件下，当 DNA 模板、引物及脱氧核苷三磷酸（dNTP）存在时，DNA 聚合酶能够催化 DNA 链的合成。ddNTP 是双脱氧核苷三磷酸，其 C3 位上连的是脱氧后的羟基。在一般情况下，C3 位上羟基作为下一个 dNTP 连接的位点，因此失去氧原子的 ddNTP 不能与下一个 dNTP 连接，从而终止 DNA 链的延伸。用放射性同位素标记 ddNTP，同时往正常的 PCR 反应里分别掺入 ddNTP（ddATP，ddTTP，ddCTP，ddGTP）。当 ddNTP 结合合成链时，DNA 合成终止，因此 DNA 合成链可能随机停止在任何碱基处。经过几十个循环后，将得到长短不一且长度相差一个碱基的 DNA 产物，将所得产物分四个泳道进行聚丙烯酰胺凝胶电泳，可以将各个片段按其链长的不同进行条带分离，最后获得相应的放射性自显影图谱，即可从所得图谱直接读取 DNA 的碱基序列（图 1-18）。

Sanger 法最大的优势在于它具有较高的准确性，被称为 DNA 测序技术的金标准，至今仍被用于获得高度准确且可信赖的测序数据。

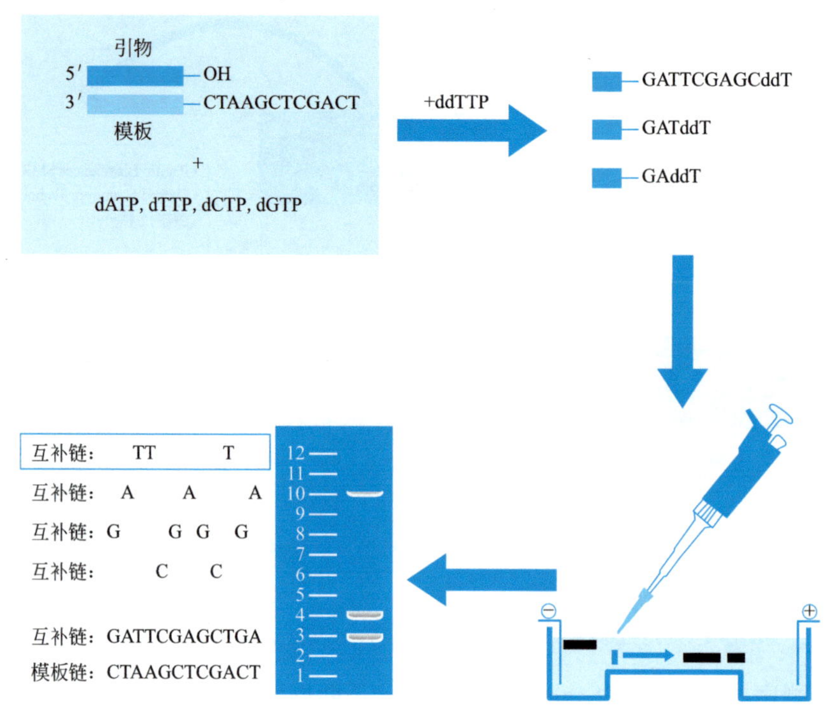

图 1-18 Sanger 测序原理

1.3.3.2 Maxam-Gilbert 化学降解法

Maxam-Gilbert 化学降解法，其原理为：将 DNA 片段的 5′端磷酸基使用放射性同位素标记，再分别采用不同的化学试剂处理修饰和裂解特定碱基，从而产生一系列长度不一，但 5′端被标记的 DNA 片段，这些以特定碱基结尾的片段群通过聚丙烯酰胺凝胶电泳分离，再经放射线自显影确定各片段末端碱基，从而得出目标 DNA 的碱基序列。

1.3.4 高通量测序技术

随着人类基因组计划的进行和完成，人们认识到测序技术与数据分析可以解答很多的生物学问题，但测序通量及测序成本阻碍了人们对生命活动和疾病的深入了解。2005 年，Roche 公司推出的 454 测序平台拉开了高通量测序技术的序幕，奠定了高通量测序技术的基础。高通量测序平台的出现，很好地解决了测序通量和测序成本等问题。从 2003 年"人类基因组计划"完成以来，人类全基因组测序行业的通量和成本经历了重大的变化，到 2022 年成本已降至 200 美元。

高通量测序技术又称下一代测序技术（Next-Generation Sequencing，NGS）。高通量测序技术相对 Sanger 测序最大的优势就是测序通量的提高，适合大样本测序数据的应用。目前，NGS 主要以 Roche 公司的 454 测序技术、华大智造 DNBSEQ 测序技术、Illumina 公司的桥式 PCR 技术，ABI 公司的 SOLiD 技术等为代表。

NGS 技术因其高效和低廉的单碱基测序成本为临床应用提供了不可估量的前景优势，尤其对于相对传统的 Sanger 测序法其每次产生的数据量几乎是天文数字，加之信息科学的持续发展，使得对这样的大数据进行有效的处理已成为现实。目前高通量测序技术已应用在肿瘤相关、生殖与遗传、感染相关、科学研究方面（图 1-19）。

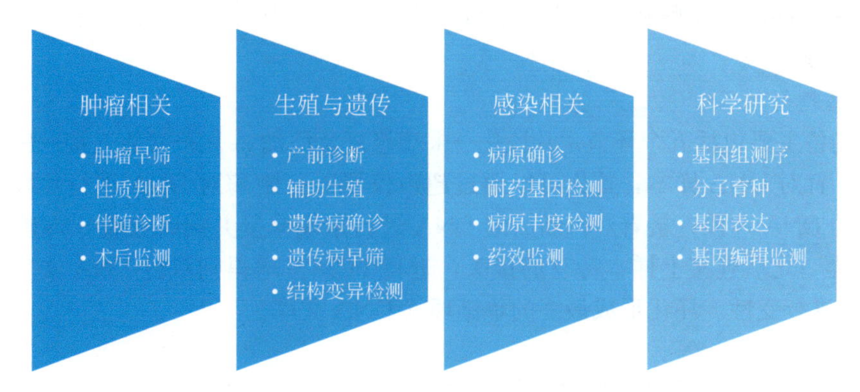

图 1-19　高通量测序技术的应用

1.3.4.1　454 测序技术

2005 年，454 生命科学公司（454 Life Sciences）推出了革命性的基于焦磷酸测序法的超高通量基因组测序系统，开创了边合成边测序的先河。2007 年，罗氏诊断（Roche Diagnostics）收购 454 生命科学公司，Roche 454 测序系统成为第一个商业化运营高通量测序技术的平台。

焦磷酸测序是一种使用单链 DNA 模板一次合成互补链一个碱基，并在每一步通过监测化学发光信号来检测合成的碱基（A、T、G、C）的新型酶联级化学发光测序技术。具体的技术原理是：焦磷酸测序技术是由 4 种酶催化的同一反应体系中的酶级联化学发光反应，焦磷酸测序技术的反应体系由反应底物、待测单链、测序引物和 4 种酶构成。4 种酶分别为 DNA 聚合酶、ATP 硫酸化酶、荧光素酶和三磷酸腺苷双磷酸酶，反应底物为 5′-磷酰硫酸（APS）、荧光素，反应体系还包括待测序 DNA 单链和测序引物。引物与模板 DNA 退火后，在 DNA 聚合酶、ATP 硫酸化酶、荧光素酶和三磷酸腺苷双磷酸酶 4 种酶的协同作用下，将引物上每一个 dNTP 的聚合与一次荧光信号的释放偶联起来，通过检测荧光的释放和强度，达到实时测定 DNA 序列目的。焦磷酸测序可应用在病原微生物快速鉴定、单核苷酸多态性、DNA 甲基化等多个领域中。焦磷酸测序技术目前是甲基化数据分析的金标准，在表观遗传学研究中具有优势，如开展肿瘤的 DNA 甲基化与基因表达相关性研究、肿瘤发生或遗传印记相关 DNA 甲基化改变、环境或毒素暴露下相关 DNA 甲基化状态变化等。

1.3.4.2　华大智造 DNBSEQ 测序技术

华大智造 DNBSEQ 测序技术起源于 CG（Complete Genomics）的 cPAL（combinatorial Probe-Anchor Ligation），它通过锚序列和结合探针来确定 DNA 序列，每轮测序先加入与接头匹配结合的锚序列，然后加入大量只有一个荧光标记碱基的探针，该荧光标记碱基在探针的位置由需要测序的位置决定，探针结合后洗去未结合的探针，然后检测该信号，得到序列信息。华大智造现有的 DNBSEQ 系列测序仪都是采用 cPAL 改进升级的

cPAS（combinatorial Probe-Anchor Synthesis）技术。整合超高密度而又规则的微阵列式芯片和DNA纳米球技术（DNB，DNA NanoBalls）可以实现高精准基因测序。BGISEQ/MGISEQ平台的测序流程和其他测序平台一样，分成三个环节——文库制备、样本加载以及测序与分析。

1. 文库制备

文库制备主要包括五个环节，片段化→末端修复及添加A尾→接头连接→PCR扩增→单链成环。针对DNA样本，首先可以通过超声仪器或打断酶对DNA进行片段化，获得预期长度的DNA片段；接着对打断后的DNA进行末端修复并同时完成5′端磷酸化和3′端添加A尾，之后连接上样本特有的接头，进行PCR扩增得到双链DNA文库，最后对双链DNA进行变性、环化形成最终的单链环状DNA文库。

2. 样本加载

样本加载主要可分为两个环节，即DNB制备和DNB加载（图1-20）。

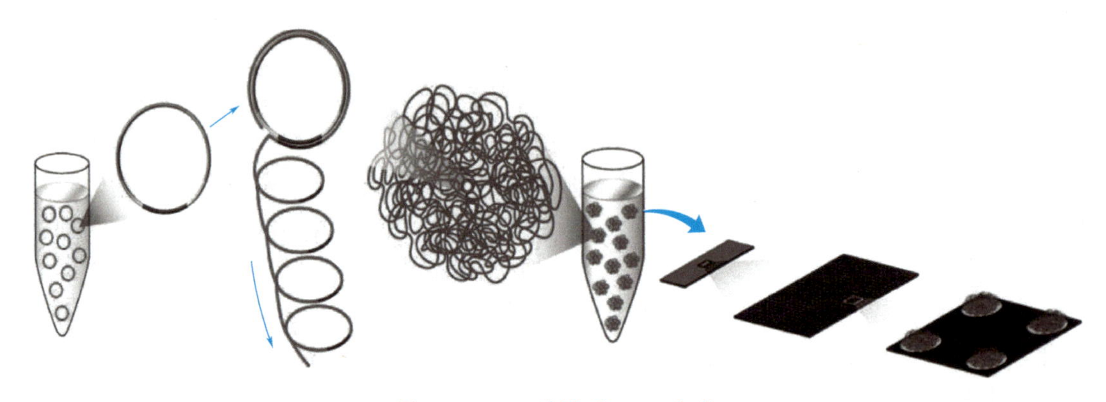

图1-20 DNB制备和DNB加载

（1）DNB制备

单链环状DNA文库通过滚环扩增技术（RCA，Rolling Circle Amplification），得到的扩增产物DNA纳米球（DNB）。采用这种线性滚环等温扩增技术，每个扩增循环都以原始的单链环状DNA为模板，能保持每次模板扩增的独立性。因此，即使扩增过程中出现碱基错配，也不会被累积，保证最高的扩增保真度。

（2）DNB加载

将制备好的DNB加载到微阵列芯片（Patterned Array）上，这一过程称为DNB加载。微阵列芯片技术是通过先进的半导体精密加工工艺，在硅片表面形成阵列和对准标记，保证芯片表面的活化位点精准排布，每个活化位点结合一个DNB，实现了DNB的规则排列吸附，提高了测序芯片的利用效率。

3. 测序与分析

芯片加载了DNB后使用联合探针锚定聚合技术（cPAS，Combinatorial Probe-Anchor Synthesis）通过将DNA分子锚和荧光探针在DNB上进行聚合，并利用高分辨成像系统对光信号进行采集、光信号经过数字化处理后获得高质量、高准确度的样本序列信息。

1.3.4.3　Illumina 的桥式 PCR 技术

此测序技术的核心测序原理为边合成边测序，它的测序过程主要分为四步：

1. 构建 DNA 文库

利用超声波或限制性内切酶等方法把待测的 DNA 样本打断成小片段，然后经过末端修复、接头连接和 PCR 扩增构建适合测序的 DNA 文库。

2. Flowcell 附着

Flowcell 是用于吸附流动 DNA 片段的槽道，当文库建好后，这些文库中的 DNA 在通过 Flowcell 的时候会随机附着在 Flowcell 表面的通道上，每个通道的表面都附有很多接头，这些接头能和建库过程中与 DNA 片段两端的接头相互配对，并能支持 DNA 在其表面进行桥式 PCR 扩增。

3. 桥式 PCR 扩增

桥式 PCR 以 Flowcell 表面所固定的接头为模板，进行桥形扩增。经过不断的扩增和变性循环，最终每个 DNA 片段都将在各自的位置上集中成束，每一个束都含有单个 DNA 模板的很多个拷贝，以达到测序所需的信号要求。

4. 测序

测序采用边合成边测序的方法，带有特异荧光标记 dNTP 被添加到合成链上后，在激发光的作用下会发出独特的荧光信号，根据捕捉的荧光信号并经过特定的计算机软件处理，从而获得待测 DNA 的序列信息。

1.3.4.4　ABI 公司的 SOLiD 技术

ABI 公司的 SOLiD（Supported Oligo Ligation Detection，SOLiD）测序技术最初是由哈佛大学 Church 研究小组成员 Shendure 等发明的，该技术的核心为连接而非 PCR 扩增，这也是 SOLiD 测序的独特之处，它并没有采用以前测序时所常用的 DNA 聚合酶，而是以四色荧光标记的寡核苷酸连续连接合成取代了传统的聚合酶连接反应。其基本原理及步骤如下：

1. 文库构建

SOLiD 技术支持两种测序文库，分别是片段文库和配对末端文库。将待测的 DNA 分子打断，并在两端加上接头 P1 和 P2，则可组成片段文库（图 1-21），可用于转录组测序，甲基化分析、RNA 定量等。而配对末端文库则是先把 DNA 分子打断，在打断的 DNA 分子两侧连接上一个中间接头后进行环化。环化后的 DNA 分子，酶切后在两端加上接头，形成文库（图 1-22）。

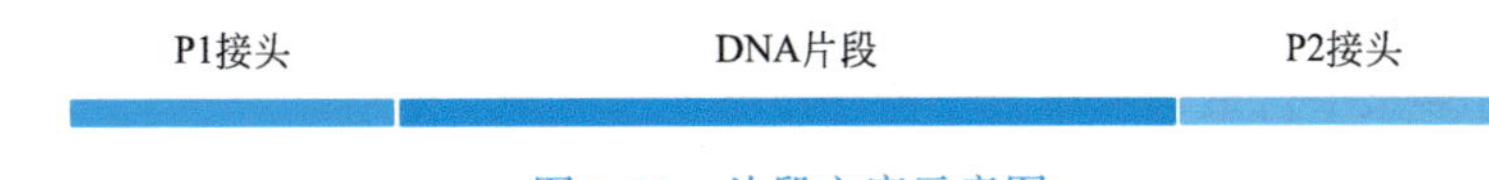

图 1-21　片段文库示意图

2. DNA 扩增

扩增的目的是将 DNA 数量放大，达成测序反应所需信号强度的模板量。首先将 DNA 片段固定在微珠上，然后和矿物油混合并高速震荡，形成“油包水”的乳液环境，得到

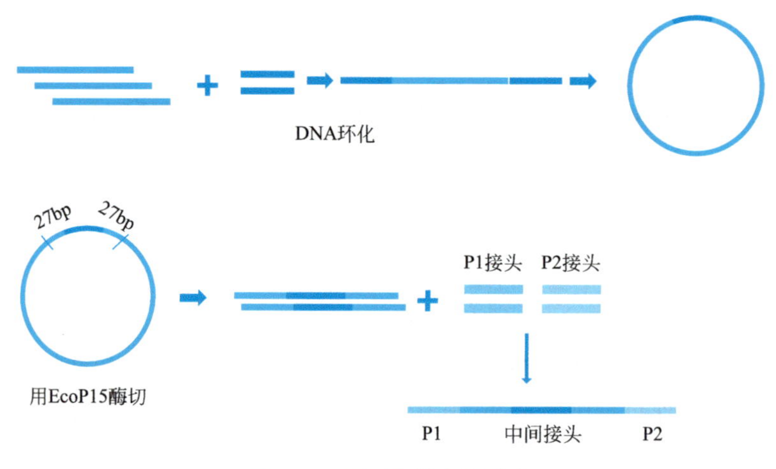

图 1-22 配对末端文库示意

“一液滴、一磁珠、一模板”的形式，该方式可以形成数目庞大的独立反应空间以进行DNA扩增。

3. DNA 测序

SOLiD 测序技术的反应连接底物是 8 碱基单链荧光探针混合物，探针的第 1、2 位构成的碱基对表征探针染料类型，3～5 位是随机碱基，6～8 位是可与任何碱基配对的特殊碱基。单向 SOLiD 测序包含五次测序反应，每一次测序反应会连接 1～5 位的碱基，切除6～8 位的碱基，同时记录下荧光颜色，荧光颜色由 1～2 位碱基决定，然后，通过荧光颜色进行解码，确定碱基序列。

4. 数据整理

通过计算机软件对荧光信号进行转换，获得待测片段的序列信息。由于该测序过程是通过 2 个碱基对应 1 个荧光信号，这样每一个位点都会被检测两次（双碱基编码技术），因此具有误差小、准确率高的优点。

1.3.5 单分子测序技术

为了更加精确与高效地挖掘 DNA 序列信息，研究人员开发出了单分子测序（Single Molecule Sequencing）技术。这项技术与前两代技术不同的是测序时不需要进行 PCR 扩增，而是基于单分子的电信号或化学反应信号检测，实现了对每一条 DNA 分子的单独测序。

主要包括 Helicos 公司的真正单分子测序技术（true Single Molecule Sequencing，tSMS）、Oxford Nanopore 公司的单分子纳米孔测序技术（The Single Molecule Nanopore DNA Sequencing）、Pacific Biosciences（PacBio）公司的单分子实时测序技术（Single Molecule Real-Time，SMRT）等。目前占主流的单分子测序平台，是 Nanopore 和 PacBio 平台。国内也有多家平台聚焦在单分子测序设备研发领域。

Nanopore 平台技术的核心是每个纳米孔结合一个核酸外切酶。首先将在某一面上含有一对电极的特殊脂质双分子层置于一个微孔之上，该双分子层中含有很多的纳米孔，并且每个纳米孔会结合一个核酸外切酶。当 DNA 模板进入孔道时，孔道中的核酸外切酶会“抓住”DNA 分子，顺序剪切掉穿过纳米孔道的 DNA 碱基，每一个碱基通过纳米孔时都会产生一个阻断，根据阻断电流的变化就能检测出相应碱基的种类，最终得出 DNA 分子的序列。

PacBio 平台测序使用的关键技术是零模波导孔（Zero-Mode Waveguide，ZMW）。测序时，每个零模波导孔只允许一条 DNA 模板进入，DNA 模板进入后，DNA 聚合酶与模板结合，加入 4 种不同颜色荧光标记的 dNTP，其通过布朗运动随机进入检测区域并与聚合酶结合从而延伸模板，与模板匹配的碱基生成化学键的时间远远长于其他碱基停留的时间，因此统计荧光信号存在时间的长短可区分匹配的碱基与游离碱基。通过统计 4 种荧光信号与时间的关系，即可测定 DNA 模板序列。

1.4　主流基因测序仪

1.4.1　ABI 系列

ABI 系列测序仪的核心技术是基于光学模块的连接法测序，测序仪产品具体包括 5500W、5500xlW、370A、373、377、310、3700、3130、3130xl、PRISM 3730、3730xl、3500、3500xl、SOLiD 等，其中 ABI 开发了全球第一台商品化的平板电泳全自动测序仪 ABI370A，在 2007 年推出了自己的 SOLiD 高通量测序仪。ABI 系列测序仪广泛应用于全基因表达图谱分析、RNA 研究、SNP 分析、甲基化分析等方向。

1.4.2　华大智造系列

华大智造，是全球领先的基因测序仪企业，率先实现了基因测序仪的国产替代，能自主研发并自主量产临床级高通量基因测序仪。近年来，华大智造推出了一系列高通量测序仪。

2015 年 10 月，华大智造发布拥有完全自主知识产权的 BGISEQ-500 桌面型高通量测序系统。BGISEQ-500 是一款远超预期的、有真正实战意义的国产测序仪，同时兼具了精准、简易、快速、灵活、经济五大优势。BGISEQ-500 是通用型测序仪，不仅可以用于临床还可以用于科研。临床方面将主要面向生育健康、肿瘤基因检测、病原微生物快速检测等应用，在科研方面将能够实现全基因组测序、转录组测序、表观基因组测序、宏基因组测序、分子育种测序等不同应用。

2017 年，华大智造推出两款高通量测序仪，MGISEQ-200 和 MGISEQ-2000。这两款测序系统具有广泛的应用领域，包括科学研究、临床医学、农业、公安司法、环境工程等，实现了医疗和科研领域高通量测序系统的全面普及。另一方面，市场对高性能测序设备的需求愈发强烈，以临床的肿瘤测序为例，需要在一周之内完成 DNA 提取、建库杂交、测序及分析一整套流程，对每个步骤的时效性有着非常严苛的要求。而缩短测序时间是最难实现的，MGISEQ-2000 和 MGISEQ-200 在这方面提供了完美解决方案，表现惹人瞩目，最终实现了为患者争取到更多的康复和救治的机会。

2018 年，华大智造进一步推出了 DNBSEQ-T7 平台等更高通量的测序仪，广泛适用于全基因组测序、超深度外显子组测序、表观基因组测序、转录组测序和肿瘤 Panel 等大型测序项目。DNBSEQ-T7 的出现，不仅为科研人员提供了强大的工具，也极大地推动了基因组学领域的发展。对于生物医药研究来说，基因组数据是至关重要的。DNBSEQ-T7

凭借其高通量、高分辨率、高度自动化等优势，将帮助科研人员更快地揭示基因与疾病之间的关联，为药物研发和精准医疗提供新的可能性。

2020 年和 2021 年，华大智造又分别推出超高通量测序平台 DNBSEQ Tx 和采用了自发光技术的快捷型测序仪 DNBSEQ-E5。2022 年，又推出了 DNBSEQ-E5 的升级版 DNBSEQ-E25。作为华大智造 E 系列测序仪的旗舰机型，DNBSEQ-E25 基因测序仪的数据通量提升了 5 倍、产品易用性更高，是一款就在你身边的“处处可取”“人人可及”的基因测序仪。

2023 年 2 月，华大智造发布超高通量测序仪 DNBSEQ-T20×2RS，创造全球测序通量纪录，其单次运行通量达 42Tb（PE100）或 72Tb（PE150），是常规超高通量测序仪的 4.5～7 倍，以 PE100 为例，单次运行可产生最高 42Tb 的数据，相当于 420 例人全基因组，按照全年 300 个工作日计算，DNBSEQ-T20×2RS 每年可完成高达 5 万例人全基因组测序。9 月 9 日，华大智造正式发布最新款的中小通量基因测序仪 DNBSEQ-G99，此款基因测序仪是全球同等通量测序仪中速度最快的机型之一，对生化、流体、光学、温控等多个核心系统进行了优化和提升，同时内置计算模块，使得测序生信一体化，12 小时可完成 PE150 测序，适用于小样本量的肿瘤靶向测序、小型全基因组测序、低深度 WGS 测序、个体识别、16s 宏基因组测序等多种应用，数据产出高效且优质。

华大智造系列测序仪如图 1-23 所示。

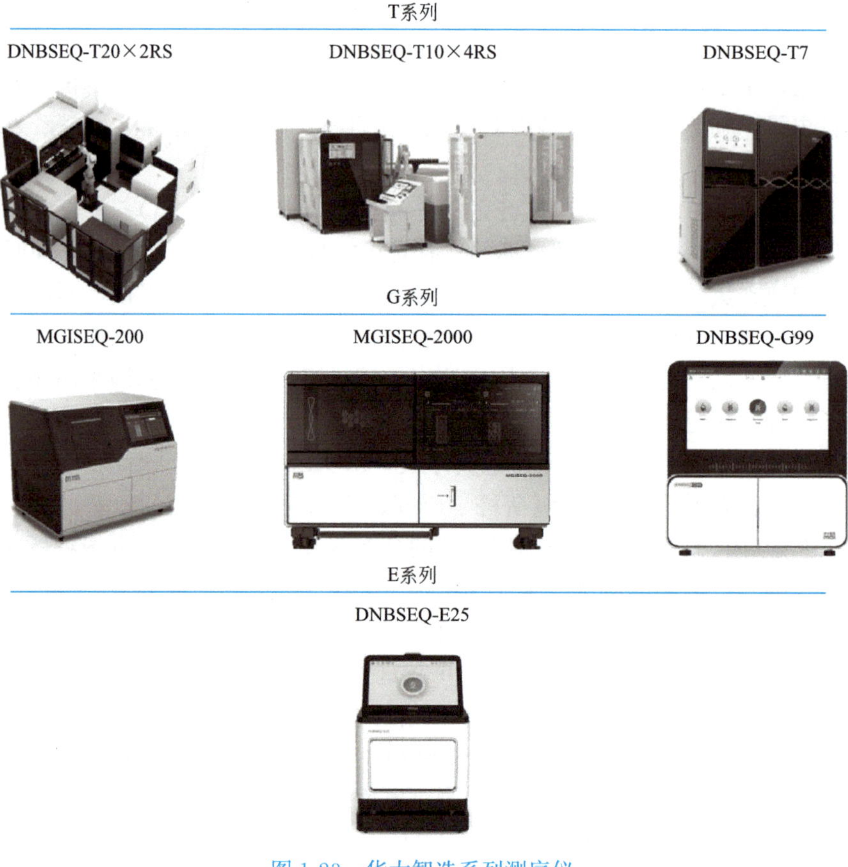

图 1-23 华大智造系列测序仪

1.4.3　Illumina 系列

2010 年至今，Illumina 公司相继推出以下型号的基因测序仪：

1. Hiseq 和 HiseqX 系列仪器

Hiseq 系列仪器包括 Hiseq 2000、Hiseq 2500、Hiseq 3000、Hiseq 4000、Hiseq X Five、Hiseq X Ten（图 1-24）等。

图 1-24　Hiseq X Ten 系统

2. Novaseq 系列

Novaseq 系列包括 Novaseq 5000 和 Novaseq 6000 等，是 Hiseq 系列的升级版。

3. Miseq 系列

Miseq 系列测序仪是桌面式高通量测序仪，具有快速简约，高效便捷的特点，适合靶向和小型基因组测序，例如微生物多样性分析、宏基因组测序、转录组 de novo 测序、微生物基因组测序、小 RNA 测序、CHIP-seq 以及外显子测序等（图 1-25）。

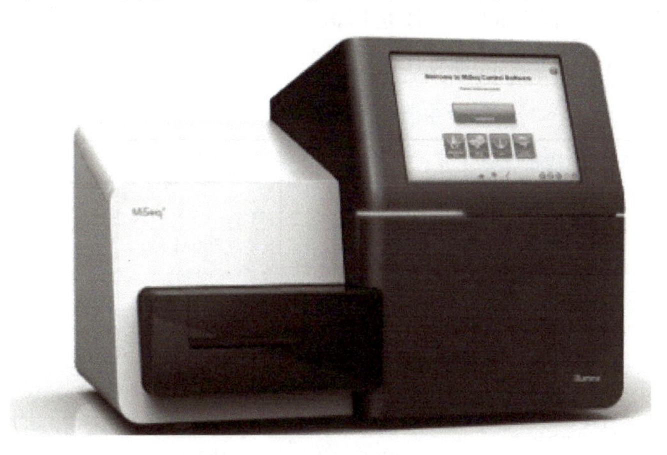

图 1-25　Miseq 测序系统

4. Miniseq 系列

Miniseq 系列是桌面式测序仪的一个重要补充，相比 Miseq，更小巧灵活，适合实验室规模小，通量小的机构（图 1-26）。

5. Nextseq 系列

Nextseq 系列是 Illumina 主流的桌面测序仪，包括 Nextseq 500、Nextseq 550DX、Nextseq 1000、Nextseq 2000（图 1-27）。

图 1-26 Miniseq 测序仪

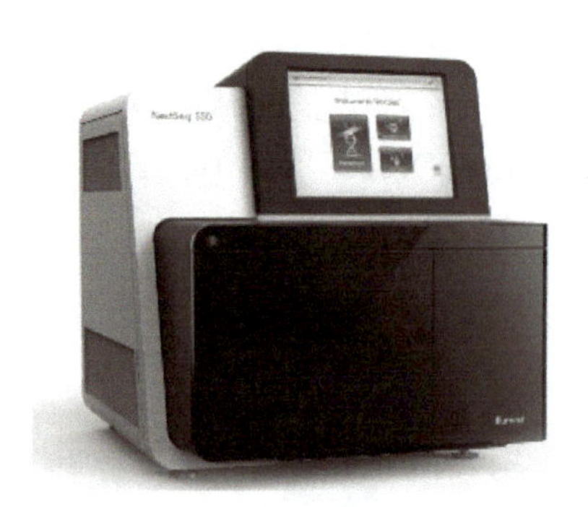

图 1-27 Nextseq 550

1.4.4 总结

基因测序技术起源于 20 世纪 70 年代，根据原理的不同，测序技术的发展大致可以分为 Sanger 测序、高通量测序以及单分子测序。Sanger 测序技术具有测序读长较长、准确率高的优点，但其通量低、成本较高未得到大规模应用。高通量测序技术凭借高通量、低成本、测序时间短等优势，商业化程度最为成熟，但主流的高通量测序技术读长较短、没办法检测大片段的重复和缺失等。单分子测序技术打破了原有的 PCR 扩增流程，具有测序读长较长、测序时间短、操作简单等特点，在 ctDNA 测序、单细胞测序等领域具有明显的优势，是测序技术未来的发展趋势，但目前由于错误率较高、商业化还受到一定的限制。由于三种测序技术各有优缺点，应用的领域也不尽相同，因此各个阶段的测序技术仍在被使用，在未来较长一段时间内，还是以高通量技术测序主导测序技术市场。表 1-4 是对部分主流的测序平台关键参数的对比。

部分主流测序平台关键参数对比　　表 1-4

测序平台	读长(bp)	通量	数据量	运行时间	错误率
SOLiD 5500 Wildfire	50	80Gb	700M	6d	≤0.1%
	75	120Gb			
	50	160Gb			
SOLiD 5500 xl	50	160Gb	1.4B	10d	≤0.1%
	75	240Gb			
	50	320Gb			
BGISEQ-500	50～200	40～200Gb	1300M	24h	≤0.1%
MGISEQ-200	50～300	5～150Gb	100～500M	9～40h	≤0.1%
MGISEQ-2000	50～600	55～1440Gb	300～1800M	13～109h	≤0.1%
DNBSEQ T7	200～300	1.16～7TB	5800M	16～24h	≤0.1%

续表

测序平台	读长(bp)	通量	数据量	运行时间	错误率
Illumina Miniseq High output	75	1.6～1.8Gb	22～25M	7h	≤1%
	75	3.3～3.7Gb	44～50M	13h	
	150	6.6～7.5Gb	44～50M	24h	
Illumina Miseq v3	75	3.3～3.8Gb	44～50M	21～56h	0.1%
	300	13.2～15Gb			
Illumina Hiseq 3000/4000	50	105～125Gb	2.5B	1～3.5d	0.1%
	75	325～375Gb			—
	150	650～750b			—
454 GS FLX Titanium XL+	最大1000	700Mb	1M	23h	1%
Pacbio RS Ⅱ	20kb	500Mb～1Gb	55000	4h	13%
Oxford Nanopore MK 1 MinION	最大200kb	最大1.5Gb	>100000	最长48h	12%
Ion Proton	最大200	最大10Gb	60～80M	2～4h	1%
Ion S5 540	200	10～15Gb	60～80M	2.5h	1%

1.5 基因测序仪的应用

1.5.1 DNA测序

1.5.1.1 全基因组De novo测序

De novo测序也称为从头测序，其不需要任何现有的序列资料就可以对某个物种进行测序，利用生物信息学分析手段对序列进行拼接、组装，从而获得该物种的基因组图谱。获得一个物种的全基因组序列是加快对此物种了解的重要捷径。随着新一代测序技术的飞速发展，基因组测序所需的成本和时间较传统技术都大大降低，大规模基因组测序渐入佳境，基因组学研究也迎来新的发展契机和革命性突破。利用新一代高通量、高效率测序技术以及强大的生物信息分析能力，可以高效、低成本地测定并分析所有生物的基因组序列。

1.5.1.2 全基因组重测序

全基因组重测序是对基因组序列已知的个体进行基因组测序，并在个体或群体水平上进行差异性分析的方法。随着基因组测序成本的不断降低，人类疾病的致病突变研究由外显子区域扩大到全基因组范围。通过构建不同长度的插入片段文库和短序列、双末端测序相结合的策略进行高通量测序，实现在全基因组水平上检测疾病关联的常见、低频、罕见的突变位点以及结构变异等，具有重大的科研和产业价值。

1.5.1.3 宏基因组测序

宏基因组测序是对环境样品中全部微生物的总DNA进行高通量测序，主要研究微生物种群结构、基因功能活性、微生物之间的相互协作关系以及微生物与环境之间的关系。宏基因组测序研究摆脱了微生物分离纯培养的限制，扩展了微生物资源的利用空间，为环境微生物群落的研究提供了有效工具。

1.5.1.4 全外显子组捕获测序

全外显子组捕获测序，是指利用序列捕获技术将全基因组外显子区域DNA捕捉并富集，然后通过高深度的高通量测序发现与蛋白质功能变异相关的遗传突变分析方法。外显子组约占基因组的1%，却包含约85%的致病突变。因此，与全基因组测序相比，全外显子组测序更加经济高效，不但对研究SNP、InDel等变异具有更大优势，而且可以通过高深度测序发现低频变异与罕见变异。

国际主流外显子捕获平台为Agilent SureSelect XT（单样本捕获）和Nimble GenSeq-Cap EZ（多样本捕获）。

1.5.2 RNA测序

1.5.2.1 Small RNA测序

Small RNA是生命活动重要的调控因子，在基因表达调控、生物个体发育、代谢及疾病的发生等生理过程中起着重要的作用。Illumina能够对细胞或者组织中的全部Small RNA进行深度测序及定量分析等研究。实验时首先将18～30nt范围的Small RNA从总RNA中分离出来，两端分别加上特定接头后体外反转录做成cDNA再做进一步处理后，利用测序仪对DNA片段进行单向末端直接测序。通过Illumina对Small RNA大规模测序分析，可以从中获得物种全基因组水平的miRNA图谱，实现包括新miRNA分子的挖掘，其作用靶基因的预测和鉴定、样品间差异表达分析、miRNAs聚类和表达谱分析等科学应用。

1.5.2.2 miRNA测序

成熟的microRNA（miRNA）是17～24nt的单链非编码RNA分子，通过与mRNA相互作用影响目标mRNA的稳定性及翻译，最终诱导基因沉默，调控着基因表达、细胞生长、发育等生物学过程。基于第二代测序技术的microRNA测序，可以一次性获得数百万条microRNA序列，能够快速鉴定出不同组织、不同发育阶段、不同疾病状态下已知和未知的microRNA及其表达差异，为研究microRNA对细胞进程的作用及其生物学影响提供了有力工具。

1.5.2.3 转录组测序

转录组测序，转录组学研究特定细胞在某一功能状态下所能转录出来的所有RNA（包括mRNA和非编码RNA）的类型与拷贝数。Illumina提供的mRNA测序技术可在整个 mRNA 领域进行各种相关研究和新的发现。mRNA 测序不对引物或探针进行设计，可自由提供关于转录的客观和权威信息。研究人员仅需要一次试验即可快速生成完整的 poly A 尾的 RNA 完整序列信息，并分析基因表达、cSNP、全新的转录、全新异构体、剪接位点、等位基因特异性表达和罕见转录等最全面的转录组信息。简单的样品制备和数据分析软件支持在所有物种中的 mRNA 测序研究。

1.5.3　表观基因组测序

1.5.3.1　染色质免疫共沉淀测序

染色质免疫共沉淀测序（CHIP-seq），是指通过染色质免疫共沉淀技术（CHIP）特异性地富集与目标蛋白结合的 DNA 片段，并对其进行纯化和文库构建，然后对富集得到的 DNA 片段进行高通量测序，是目前在全基因组水平研究蛋白结合靶 DNA 序列的重要手段，为转录因子、组蛋白修饰、核小体定位等表观遗传学的研究提供有效方法。

1.5.3.2　DNA 甲基化测序

DNA 甲基化是表观遗传学的重要组成部分，在维持正常细胞功能、遗传印记、胚胎发育以及人类肿瘤发现中起着重要作用，是目前新的研究热点之一。DNA 甲基化是一个生物过程，它会在 DNA 分子中引入甲基化基团，DNA 甲基化并不会改变 DNA 序列，而会改变 DNA 片段的生物活性。

表观遗传学 DNA 甲基化研究测序方法按原理可以分为三大类：

1. 重亚硫酸盐测序

利用重亚硫酸盐对基因组 DNA 进行处理，将未发生甲基化的胞嘧啶脱氨基变成尿嘧啶。而发生了甲基化的胞嘧啶未发生脱氨基，因此可以将经重亚硫酸盐处理的和未处理的测序样本进行比较来发现甲基化的位点。该方法可以从单个碱基水平分析基因组中甲基化的胞嘧啶。

2. 基于限制性内切酶的测序

以限制性内切酶——重亚硫酸盐靶向测序（RRBS）为例，该技术是对基因组上 CpG 岛或 CpG 甲基化较密集的区域进行靶向测序。样本首先经几种限制酶进行消化处理，然后经重亚硫酸盐处理，最后再测序。这种方法可以发现单个核苷酸水平的甲基化。

3. 靶向富集甲基化位点测序

甲基化测序靶向富集技术采用合成寡核苷酸探针来捕获 CpG 岛、基因启动子区域以及其他一些显著性甲基化的区域。

习题

一、单选题

1. RNA 和 DNA 彻底水解后的产物是（　　）。

A. 核糖相同，部分碱基不同　　B. 碱基相同，核糖不同

C. 部分碱基相同，核糖不同　　D. 碱基不同，核糖相同

2. 绝大多数真核生物的 mRNA 5′端有（　　）。

A. polyA　　B. 帽子结构　　C. 起始密码　　D. 终止密码

3. 下列关于 tRNA 的叙述，（　　）是错误的？

A. tRNA 的二级结构是三叶草型的

B. 由于各种 tRNA 3′末端碱基都不相同，所以才能结合不同的氨基酸

C. RNA 分子中含有稀有碱基

D. 细胞中有多种 tRNA

4. 核酸中核苷酸之间的连接方式是（　　）。

A. 2′,3′-磷酸二酯键　　B. 3′,5′-磷酸二酯键

C. 2′,5′-磷酸二酯键　　D. 糖苷键

5. 下列关于核酸的叙述，（　　）是错误的。

A. 碱基配对发生在嘧啶碱与嘌呤碱之间

B. 鸟嘌呤与胞嘧啶之间的联系是由两对氢键形成的

C. DNA 的两条多核苷酸链方向相反

D. DNA 双螺旋链中，氢键连接的碱基对形成一种近似平面的结构

E. 腺嘌呤与胸腺嘧啶之间的联系是由两对氢键形成的

二、名词解释

1. DNA 变性：

2. DNA 复性：

3. DNA 的二级结构：

4. 退火：

三、填空题

1. 核酸的基本结构单位是________。每个基因结构单位可进一步分解为________和________。核酸中的戊糖有两类：________和________。

2. 华大智造测序仪系列包括________、________、________等。

3. 全球第一台商品化的平板电泳全自动测序仪型号是________。

四、简答题

1. RNA 与 DNA 在组成上有什么不同？各由哪些核苷酸组成？

2. DNA 变性后，其一级结构是否会发生改变？为什么？

第2章 基因测序仪使用安全事项

熟悉基因测序仪上的警示性和小心标志及对应的安全事项。

2.1 仪器使用安全概述

实验室的部分仪器设备，尤其是高温、高压等设备，具有一定的危险性，如操作失误或使用不当会引起较大安全事故，因此在实验室使用这些仪器设备时必须做好预防措施，经过专业培训，按照操作手册正确操作，并做好仪器设备的使用管理工作。

基因测序仪是测定 DNA 片段的碱基顺序、种类和定量的仪器，需要专人专管，日常使用和维护中应严格按照说明进行。基因测序仪在使用过程中应注意熟悉相关安全信息，除了注意仪器的电气安全、机械安全等，还应特别注意生物安全。

基因测序仪在安装、维修、维护及使用之前，需认真阅读并理解基因测序仪相关操作内容，以保证操作者能够正确使用，发挥仪器的最佳性能，同时确保操作者的安全。下面以 MGISEQ-200 基因测序仪为例，对其使用和维护中的安全事项进行说明。

MGISEQ-200 测序仪相关警示符号、名称与含义见表 2-1。

MGISEQ-200 测序仪相关警示符号、名称与含义　　表 2-1

符号	名称	含义
I	打开电源开关	表示仪器电源已开启
○	关闭电源开关	表示仪器电源已关闭

续表

符号	名称	含义
	安全警示	参阅仪器产品说明书的警告信息
	生物危害警示	存在生物危害
AVOID EXPOSURE TO BEAM CLASS 3B LASER PRODUCT 避免激光束照射 ⅢB类激光产品	激光警示	存在激光危害 激光器的激光等级为 3B 类
	小心烫伤	存在烫伤危险
	危险电压	存在电击危险
	保护接地	仪器的保护接地端子
F10AL250V	保险丝规格	仪器保险丝规格
	丝印	试剂仓丝印
	丝印	芯片仓丝印
仅供科研使用	—	表示该仪器仅用于科研用途，不能用于临床诊断
	制造商	制造商名称及地址
	制造日期	仪器的制造日期
SN	序列号	仪器的序列号

续表

符号	名称	含义
	查阅使用说明	查阅仪器的产品说明书
	向上	仪器运输包装件在运输时应竖直向上
	易碎物品	仪器易碎，应小心搬运，否则会破碎或受损
	怕雨	避免潮湿，保持干燥
	禁止堆码	仪器包装件只能单层放置
	温度极限	仪器运输包装件应保持的温度范围
 %	湿度极限	仪器运输包装件应保持的湿度范围
	大气压力极限	仪器运输包装件应保持的大气压力范围

2.2　安全警告

警告标识旨在提示操作者按照说明进行操作，否则可能导致人身伤害，警告与小心标识如图 2-1 所示。

图 2-1　警告与小心标识

与基因测序仪有关的安全警告主要有以下几种：

2.2.1　通用安全

2.2.1.1　警告

1. 确保在规定的使用条件下使用本仪器，否则可能导致仪器故障，测序结果不准确，并造成人身伤害。

2. 确保仪器运行前部件安装完整，否则可能导致人身伤害。

3. 仪器芯片仓内有激光器，产生的激光存在潜在人体危害。仪器运行时请确保芯片仓门处于关闭状态。

4. 按照“仪器维护与保养”中描述的方法对仪器进行维护，以保持仪器性能，否则可能导致仪器故障，并危及人身安全。

2.2.1.2 小心

1. 仪器可由已授权且培训合格的技术支持进行拆箱、安装、移动和维修。操作不当将可能影响仪器的精确度或损坏仪器。

2. 当仪器由技术支持进行安装和调试后，请勿再次移动仪器。操作不当可能影响仪器的准确性。如需重新放置仪器，请联系技术支持。

3. 仪器仅可由医学检验专业人员或经过培训的医生、技师或实验室人员进行操作。

4. 请勿在易燃易爆环境中使用仪器，否则可能导致仪器故障。

5. 请勿在开机状态下断开电源线。

6. 请勿将样本及试剂盒放置在仪器上，以免液体流入仪器内部，损坏仪器。

7. 请勿重复使用一次性用品。

8. 如测序中出现与管路有关的故障（如气泡等），请操作者在排除故障后重新测序。

9. 如有任何未提及的维护问题，请及时咨询技术支持。

10. 仅可使用厂商提供的零部件对仪器进行维护，否则可能导致仪器性能降低或故障。

11. 仪器在出厂前已进行验证，如使用过程中发现结果有较大偏差，请联系技术支持进行校准。

12. 仅可由已授权且培训合格的技术支持更换冷却液。

2.2.2 电气安全

2.2.2.1 警告

1. 建议在仪器使用之前评估电磁环境。

2. 禁止在强辐射源（例如非屏蔽的射频源）旁使用仪器，否则可能会干扰仪器正常工作。

3. 请确保仪器接地正确，接地电阻需小于 4Ω。否则可能会影响测序结果，并导致漏电，有电击危险。

4. 请勿移除仪器外壳并将内部部件暴露在外，否则可能产生电击风险。

2.2.2.2 小心

1. 请按照“准备工作”中描述的要求准备实验室及电源。

2. 请确保输入电压符合仪器要求。

3. 建议使用原装电源线连接电源。

2.2.3 机械安全

请将仪器放置在平稳的水平平面上，并确保仪器不易被移动，以免跌落造成人身伤害。

2.2.4 配件安全

1. 如电源保险丝损坏，请使用指定的规格进行更换。具体操作方法，请联系技术支持。

2. 内置的单板计算机（以下简称计算机）仅可安装、运行本仪器预装软件，不建议在电脑中安装其他任何软件，包括杀毒软件，否则可能导致控制软件无法正常运行。

3. 请勿自行卸载控制软件。如软件运行中出现任何问题，请联系技术支持。

4. 确保与仪器连接的外部设备符合国际电工产品委员会发布的信息技术类设备安全标准（IEC/EN 62368-1）和《音视频、信息技术和通信技术设备 第 1 部分：安全要求》GB 4943. 1—2022 的要求。

IEC/EN 62368-1 适用于电源或电池供电的资讯产品（含商业子设备）及其周边产品，且额定电压低于 600V。在 IEC/EN 62368-1 的条文内，主要是在防止人体（泛指使用者及服务人员）受到：触电（Electric shock）、危险能量（Energy hazards）、火灾（Fire）、机械及热的危险（Mechanical and Heat hazards）、幅射危险（Radiation hazards），化学的危险（Chemical hazards）、材料及零件（Material and Components）的伤害。

2.2.5 生物安全

生物安全，是指与生物有关的各种因素对社会、经济、人类健康及生态环境产生的危害或者潜在风险。MGISEQ-200 基因测序仪上标有生物安全标识，提示操作者严格按照说明进行操作，生物安全标识如图 2-2 所示。

操作者在使用时应注意以下事项：

图 2-2　生物安全标识

1. 试剂和废液中的化学成分会刺激眼睛、皮肤和黏膜。在操作过程中，操作者需遵守实验室安全操作规定，并穿戴好个人防护装备（如实验防护服，防护眼镜、口罩和手套等）。

2. 如不慎将试剂溅到眼睛里或接触了皮肤，请立即用大量清水冲洗，并寻求医生帮助。

3. 请按照试剂盒使用说明书中的要求使用和存储试剂，以免操作不当导致试剂失效，无法获得正确结果。

4. 使用试剂前，请查看其有效使用期限，请勿使用过期的试剂。

5. 关于过期试剂、废液、废弃样本、消耗品等的排放和处理，请遵守所在地区和国家的相关规定。

2.2.6 激光安全

MGISEQ-200 测序仪中使用到 3B 类的激光器。3B 类激光产品的可达发射水平，无论是否使用放大观察辅助器具都可能对眼睛造成伤害，当其输出水平接近此类产品上限时，也会对皮肤造成损伤。3B 类防护要求：防止眼睛（在某些情况下防止皮肤）受到光束的照射。注意防止无意的反射光照射。因此，在进行光学调试时，需要佩戴相应波段的激光防护眼镜（绿光：532nm，红光：660nm）。

习题

一、单选题

1. 以下（　　）标志说明存在生物安全的危险。

A.  B.  C.  D. 

2. 以下关于电气安全的描述，不正确的是（　　）。

A. 禁止在强辐射源（例如非屏蔽的射频源）旁使用仪器，否则可能会干扰仪器正常工作

B. 请勿移除仪器外壳并将内部部件暴露在外，可能产生电击风险

C. 请确保仪器接地正确，接地电阻需小于 5Ω，否则会影响测序结果，并导致漏电和电击危险

D. 建议使用厂商提供的电源线连接电源

3. 以下关于仪器安全的描述，正确的是（　　）？

A. 基因测序仪运行时，将芯片仓门处于开启状态

B. 不慎将试剂溅到眼睛里或接触了皮肤，请立即用纸巾进行擦拭

C. 进行基因测序仪操作者，需遵守实验室安全操作规定，并穿戴好个人防护装备

D. 基因测序仪完成安装并进行调试后，再搬运至其他实验室时，可不用再次进行调试

二、填空题

1. 与基因测序仪连接的外部设备，应符合________的要求。

2. ________损坏，请使用厂商指定的规格进行更换。

3. 请确保仪器接地正确，接地电阻需小于________。

第3章 基因测序仪的维护与保养

教学目标

1. 了解清洗策略，并可根据实际情况进行选择。
2. 掌握基因测序仪日常维护和保养方法，并可熟练进行操作。
3. 熟悉预防性维护和保养策略，并可熟练进行操作。

3.1 清洗维护与保养

基因测序仪是生物分析仪器，也是现代医疗科技领域的重要设备，用于对基因进行分析。基因测序仪由测序主机和软件控制系统组成，其测序主机包括控制试剂组分输入和输出的液路系统。基因测序仪在未清洗的情况下，管路系统内可能会残留前一次测序的标签试剂，从而可能导致与当前样本的交叉污染，影响测序结果的准确性和可靠性。此外，未清洗的基因测序仪也会残留化学物质、溶液等，这些残留物质可能会影响测序反应的环境和条件，导致序列偏差，从而降低结果的可靠性，影响后续的数据分析和解读。长期不进行清洗的基因测序仪中的污染物可能会阻塞测序通道，给测序带来难题。因此，一般情况下，在进行测序前和完成基因测序之后，均需要对液路系统进行清洗，以保持液路系统的清洁和通畅。

此外，基因测序仪作为一种精密的科学仪器，在日常使用中也应该坚持对其进行日常维护和保养，从而延长仪器的使用寿命，同时也能让实验结果更加精准。

3.1.1 清洗策略选择

试剂和废液中的化学成分会刺激眼睛、皮肤等。在操作过程中，操作者需遵守实验室安全操作规定，并穿戴好个人防护装备（如实验室防护衣，防护眼镜、口罩和手套等）。

建议不要使用本文未提及的清洗液进行清洗。其他清洗液未验证，对仪器有影响未进行评估。若对清洗液的兼容性有疑问，需联系技术支持。

清洗的目的是去除管路、芯片平台中残留的试剂，避免发生交叉污染。因此，每一次上机操作开始前和完成后均需要进行清洗，以 MGISEQ-200 测序仪为例，清洗可分为常规清洗和深度清洗，根据测序类型进行选择。清洗类型及清洗策略见表 3-1。

清洗类型及清洗策略　　表 3-1

清洗类型	清洗液	周期
常规清洗	实验室用水	每次测序开始前及测序结束后均需要进行
深度清洗	1M NaCl； 0.05%的 Tween-20 溶液； 0.1M NaOH 溶液； 实验室用水	仪器首次使用时； SE 测序：两周一次； PE 测序：每次测序结束后

表 3-1 中所述实验室用水可选 18 兆欧（MΩ）水、Milli-Q 水、Super-Q 水以及同类分子生物级的水，其他清洗液均建议使用厂家规定的清洗液对基因测序仪进行清洗，以防对仪器性能造成损害。在进行深度清洗时，完成 0.1M NaOH 溶液的清洗之后，请立即更换实验室级别水的清洗槽进行清洗，切勿让 0.1M NaOH 清洗槽放入机器内过长时间，否则容易产生结晶，堵塞管路。

3.1.2 常规清洗

每次测序开始前和测序结束后需进行一次常规清洗。

操作步骤如下：

1. 在测序完成界面，点击【清洗】进入清洗界面（图 3-1）。或登录系统后，在主界面点击【清洗】进入清洗界面。

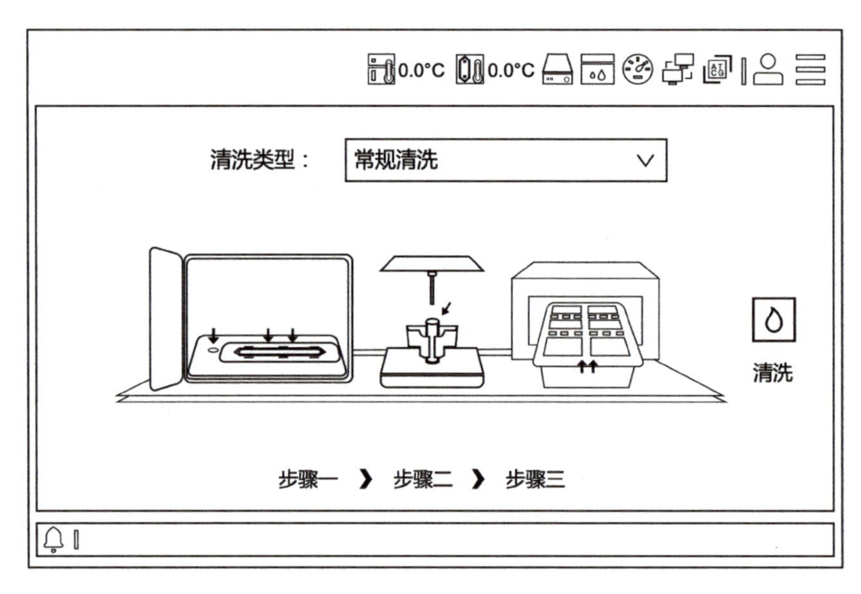

图 3-1　清洗界面

2. 点击【清洗类型】下拉列表，选择【常规清洗】。

3. 取一个新的样本管和随机器附送的清洗试剂槽。确保样本管和清洗试剂槽保持干净。

4. 制备样本管和清洗试剂槽。

5. 根据界面提示，放入清洗芯片、样本管和清洗试剂槽，完成后关闭所有仓门。

6. 点击【清洗】，在弹出的对话框中选择【是】，开始清洗。可以暂停清洗，再次点击可恢复清洗。

➤点击【⏸】，可以暂停清洗，再次点击可恢复清洗。

➤点击【⏹】，在弹出的对话框中点击【是】，结束清洗。

7. 清洗完成后，按照界面提示分别取出清洗芯片、样本管和清洗试剂槽。

8. 点击【后退】返回主界面。

9. 清洗芯片置于常温下保存。建议使用一个月后，按照医疗废弃物处理标准，处理清洗芯片。

10. 按照医疗废弃物处理标准，处理样本管。

11. 用实验室用水将清洗试剂槽清洗干净，自然风干后备用。

3.1.3　深度清洗

按照不同的测序类型选择清洗频率，如进行的是 PE 测序，则需要在测序结束后立即进行一次。如进行的是 SE 测序，则每两周进行一次。如仪器使用频繁，建议每周进行一次深度清洗。

深度清洗的操作步骤如下：

1. 在测序完成界面，点击【清洗】进入清洗界面，或登录系统后，在主界面点击【清洗】进入清洗界面。

2. 点击【清洗试剂槽】下拉列表，选择【深度清洗】。

3. 制备样本管和清洗试剂槽。

4. 根据界面提示，放入清洗芯片、样本管和清洗试剂槽，完成后关闭所有仓门。

5. 点击【清洗】，在弹出的对话框中选择【是】，开始清洗。

(1) 点击【⏸】，可以暂停清洗，再次点击可恢复清洗。

(2) 点击【⏹】，在弹出的对话框中点击【是】，结束清洗。

6. 清洗完成后，在界面提示框中点击【是】进行下一遍清洗。

7. 重复步骤 2～6，进行第二、三、四遍清洗。

8. 第四遍清洗完成后，在界面提示框中点击【否】结束清洗，返回主界面。

9. 分别取出清洗芯片、样本管和清洗试剂槽。

10. 清洗芯片置于常温下保存。建议使用一个月后，按照医疗废弃物处理标准，处理清洗芯片。

11. 按照医疗废弃物处理标准，严格处理样本管。

12. 用实验室用水将清洗试剂槽清洗干净，自然风干后备用。

3.2 日常维护与保养

以下将介绍基因测序仪及各部件维护和保养方法。为保证基因测序仪的正常运行，需按基因测序仪厂家的要求对设备进行维护。

3.2.1 主机维护

3.2.1.1 部件维护

基因测序仪的部件在使用后，会残留样本或试剂等污渍，也可能会有粉尘残留，为了不影响其正常使用，需对其进行维护。以下以 MGISEQ-200 的维护为例，进行说明。

在关闭电源状态下进行以下维护：

1. 用棉球蘸 75％酒精擦拭主机外壳（包括触摸屏），确保外壳没有残留任何血液、唾液等样本和试剂等，每月进行一次。注意不要使用其他消毒液，以免影响对仪器进行评估。

2. 用小刷子刷去基因测序仪左侧及背面散热孔上的灰尘，确保仪器可正常散热。

在打开电源状态下，进行以下维护：

1. 检查仪器背面散热风扇是否正常运转。
2. 测序过程中，根据软件报错信息，针对性地检查相关部件状态是否正常。
3. 每年对激光功率进行一次检查和校准。

3.2.1.2 管路维护

基因测序仪具有流体输入和输出的管路系统，应每月对仪器所有管路进行常规清洗。

3.2.2 电源维护

正确使用和维护电源系统，正确保持持续可靠的电力供应，保护基因测序仪免受电源故障的影响。对基因测序仪电源系统应进行以下维护：

1. 如仪器超过 7d 不使用，请关闭电源，并拔下电源线。

2. 每次使用前，检查电源线和其他线缆，确保连接正确且线缆完好。如有必要，可重新连接线缆（确保仪器电源已关闭）。

3.2.3 芯片平台和芯片维护

芯片平台的清洁度会影响芯片能否被正确吸附，因此，基因测序仪每次使用前，需对芯片平台进行清洁维护。

3.2.3.1 部件介绍

芯片平台如图 3-2 所示。

3.2.3.2 芯片平台和芯片维护工具清单

在进行芯片平台和芯片维护时，应准备以下工具，包括清洗芯片、移液枪、硅胶手

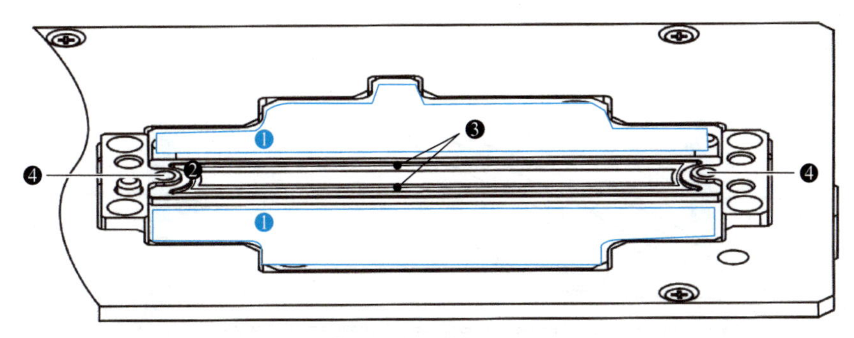

图 3-2　芯片平台

1—芯片载台；2—真空吸附槽；3—真空吸附孔和真空吸附槽；4—密封垫

套、无尘布、无水酒精、除尘气罐。

3.2.3.3　清洗芯片平台

芯片平台的清洗操作步骤如下：

1. 开始清洗操作前，请提前佩戴好手套。

2. 检查清洗芯片背面的硅片和芯片平台的芯片载台是否有灰尘、杂质或毛刺。如有，则使用移液枪枪头将其逐个吸走。

3. 用无尘布蘸少量无水酒精擦拭芯片背面的硅片，并等待自然风干。

4. 用无尘布蘸少量无水酒精擦拭芯片平台的芯片载台，并等待自然风干。需要注意的是，请避开擦拭芯片平台上的真空吸附孔和真空吸附槽，以免无水酒精进入孔内，导致仪器损坏。

5. 用除尘气罐向芯片背面硅片和芯片平台的芯片载台进行吹气，直至其表面无可见的灰尘或杂质。确保硅片垫片不会脱落。

6. 按下芯片平台上的芯片吸附按钮。

7. 将芯片放置于芯片载台上（玻璃表面朝上，二维码位于右侧），双手向下按压芯片边缘，使其与芯片载台完全贴合。

8. 查看界面上的负压图标，负压图标及功能见表 3-2。

负压图标及功能　　表 3-2

图标	功能
	表示芯片已成功吸附，可停止按压
	表示芯片未能成功吸附，重复步骤 2～7

3.2.3.4　更换密封垫

芯片平台密封垫需每月更换一次。当连续两次 DNB 加载失败或芯片、废液管出现气泡时，建议更换新的密封垫。在更换密封垫时，请使用仪器随附的镊子和密封垫进行更换。具体操作步骤如下：

1. 用镊子取下芯片平台左侧和右侧的密封垫（图 3-3）。

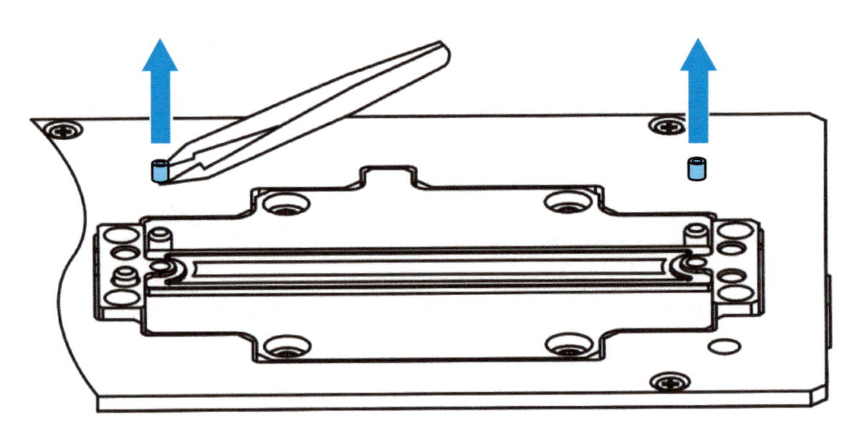

图 3-3 取下密封垫

2. 用手将新的密封垫安装到芯片平台上（图 3-4）。

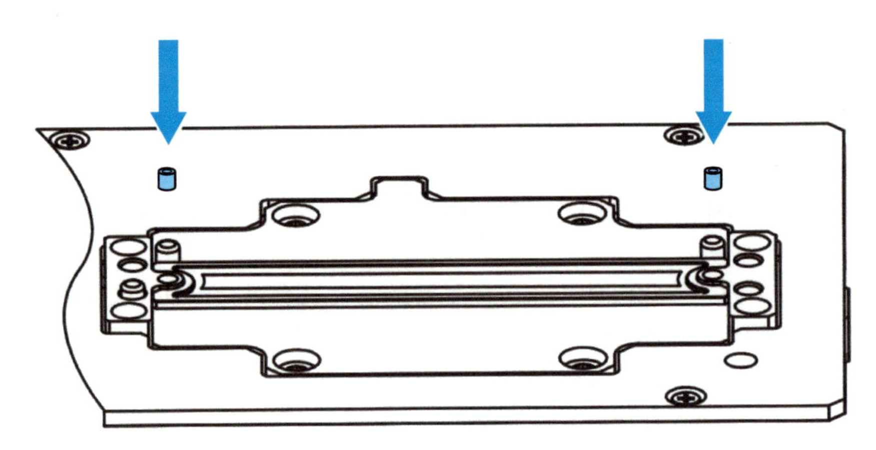

图 3-4 安装密封垫

3. 用镊子侧面按压到底，使密封垫安装牢固（图 3-5）。

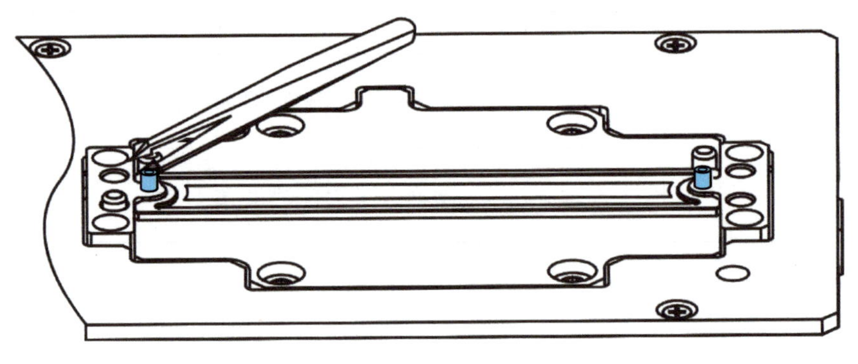

图 3-5 按压密封垫

3.2.4　废液桶维护

废液桶通过软管与仪器连接，废液桶中存放的废液，需要及时清空，以免废液溢出，造成生物污染。此外，每次清空废液后，还需对废液桶进行清洗消毒，保持干净。

当出现以下情况时，及时清空废液桶：

1. 每次测序前后。

2. 废液桶图标变成 。

3. 废液液面位于废液桶上限刻度标尺。

废液桶维护的操作步骤如下：

1. 在维护废液桶之前，请佩戴个人防护装备，包括实验室防护衣，防护眼镜、口罩和手套等，以免吸入废液或废液接触皮肤、黏膜、眼睛，对操作人员造成伤害。

2. 拧开液位传感器线的接头，并从仪器上拔出。

3. 拔出废液管。

4. 拧开废液桶无连接管一侧的盖子。

5. 将废液倒入实验室指定的容器中，并按照实验室要求、当地法律法规要求处理废液。

6. 往桶中倒入实验室用水。如有必要，盖上桶盖，随后轻轻摇晃瓶身，直至废液桶所有内表面都已进行冲洗。

7. 将实验室用水倒入指定容器中。如有必要，可重复 5 和 6。

8. 用棉球蘸 75%酒精擦拭废液桶表面和桶口，确保无残留废液。

9. 拧紧废液桶无连接管一侧的盖子。

10. 将液位传感器线的接头插入仪器对应接口，并拧紧。

11. 将废液管连接至仪器上，即完成废液桶的维护操作。

3.3　预防性维护与保养

3.3.1　保养包组成

基因测序仪的维护和保养，需要使用专业的保养包进行。以 MGISEQ-200 为例，保养包组成包括配件保养包和耗材保养包。

3.3.1.1　配件保养包

配件保养包的组成见表 3-3。

配件保养包的组成　　表 3-3

物品	数量
注射器	1
真空泵	1
空气过滤器	1

续表

物品	数量
密封垫圈	4
DNB一体针	1
旋转阀——进液块管路	1
进液块——液路电磁阀管路	1
出液块——液路电磁阀管路	1

3.3.1.2 耗材保养包

耗材保养包的组成见表3-4。

耗材保养包的组成 表3-4

物品	图片
除尘气罐	
无尘纸	
橡胶手套	
海绵	
50mL注射器	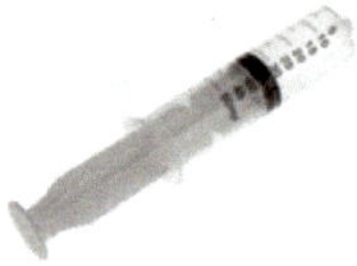
50mL离心管	

3.3.2　保养工具准备

保养工具如图 3-6 所示。

(a) 激光功率计

(b) 温度表带V2温控探头

(c) 公制内六角扳手

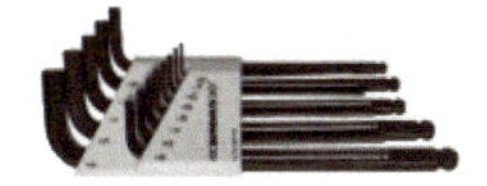

(d) 英制内六角扳手

(e) 生物载片

图 3-6　保养工具

3.3.3　一般维护

以 MGISEQ-200 为例，一般维护操作步骤如下：

1. 关闭测序仪。
2. 使用清洁海绵，用 75%酒精润湿，擦拭清洁测序仪表面（图 3-7）。
3. 取下背板，清洁所有风扇后，把背板装回测序仪并固定（图 3-8）。

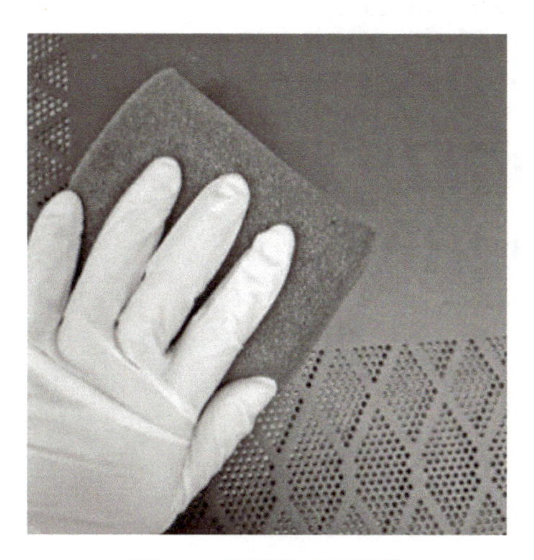

图 3-7　测序仪表面清洁

图 3-8　测序仪背板清洁

4. 确保载片仓门可正常工作。
5. 确保冰箱门可正常工作。
6. 以上操作步骤完成后，开启测序仪。

3.3.4　试剂仓维护

在执行以下步骤之前，请戴上手套，防护服和口罩。

3.3.4.1 试剂仓清洁

用 75%酒精润湿的无尘纸巾清洁试剂仓内壁。

3.3.4.2 冷凝水槽清洁

清洁操作步骤如下：

1. 用吸水纸吸收冷凝水槽中的剩余水分。
2. 用 75%酒精润湿的无尘纸巾清洁冷凝水槽。

3.3.5 SBC 维护

SBC 维护操作步骤如下：

1. 首先备份重要数据，然后在 D 驱动器上运行优化和碎片整理或对其进行格式化。由于碎片整理可能需要几个小时或更长时间，建议格式化 D 盘。

2. 在碎片整理或格式化之后，打开 Crystal Disk Mark 软件，选择 D 驱动器并单击【Seq】。

3. 等几分钟测试完成，将【Seq】的读写记录到 PM 报告中（图 3-9）。

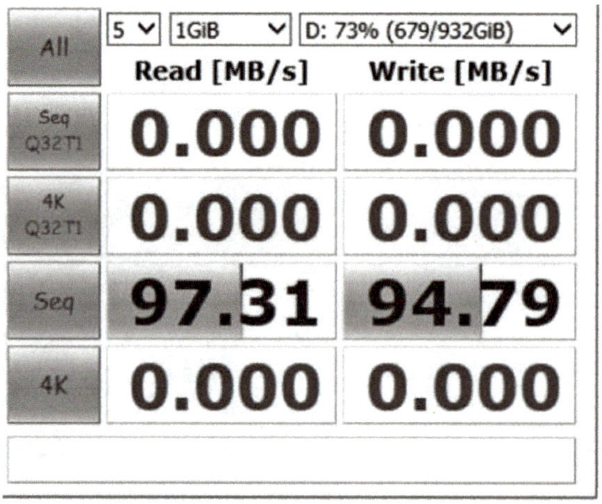

All	5 / 1GiB / D: 73% (679/932GiB)	
	Read [MB/s]	Write [MB/s]
Seq Q32T1	0.000	0.000
4K Q32T1	0.000	0.000
Seq	97.31	94.79
4K	0.000	0.000

图 3-9 Seq 读写记录

3.3.6 温控系统维护

3.3.6.1 添加冷却液

冷却液的作用是进行强制循环，降低设备的温度，保障基因测序仪的正常工作，是温控系统的重要组成部分。对温控系统的维护，需要检查冷却液是否不足或者漏液，如液位过低，要及时进行添加，添加冷却液的操作步骤如下：

1. 拆下冷却液箱盖，在加注冷却液之前，最好在冷却箱下放一些纸巾。
2. 使用带橡皮管的注射器或其他工具从冷却液瓶中抽取冷却液（图 3-10）。
3. 将冷却液注入冷却液箱，确保加注的冷却液与上限齐平（图 3-11）。

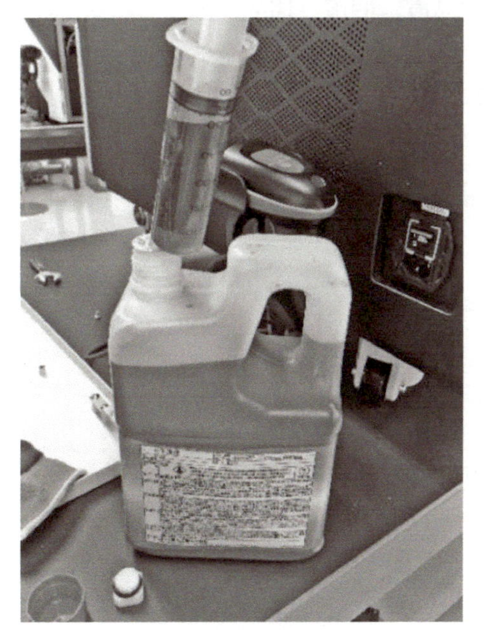

图 3-10　抽取冷却液

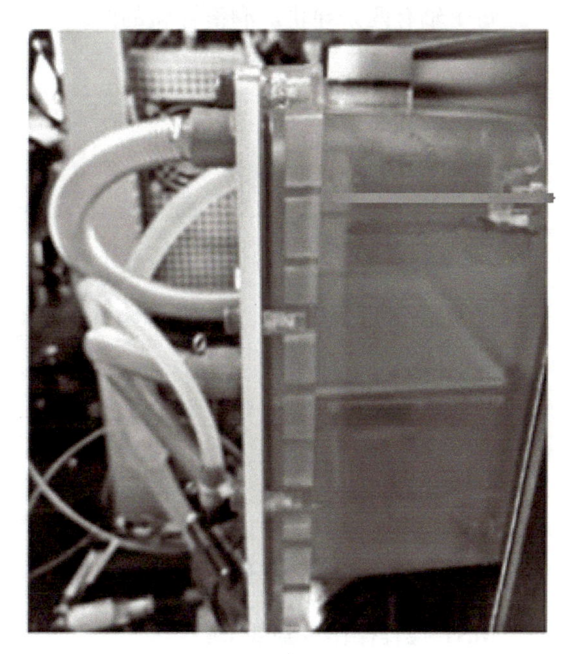

图 3-11　冷却液注入冷却液箱

4. 加完后，将盖子盖好。

3.3.7　XY 滑台维护

3.3.7.1　导轨润滑

操作步骤如下：

1. 用机械润滑油润湿泡沫棉签，然后润滑 XY 滑台轨道。
2. 润滑后，手动将 XY 滑台从一端来回移动到另外一端，确保润滑充足（图 3-12）。

图 3-12　导轨润滑操作

每个轴有两条导轨，润滑导轨的两端，共有 8 个点需要润滑（图 3-13）。

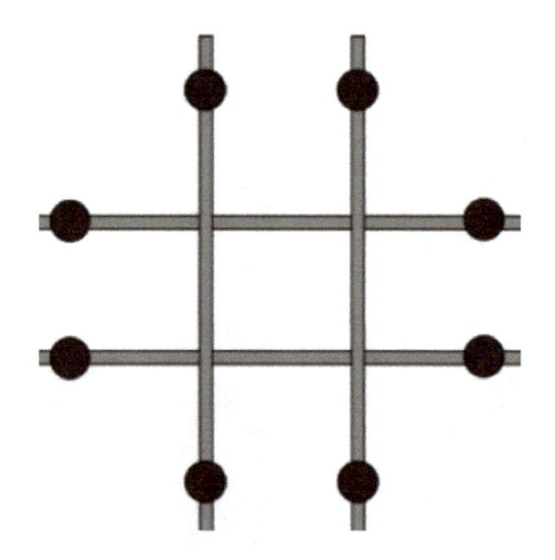

图 3-13 8 个需要润滑的位置

3.3.7.2 MST 检查

MST 检查操作步骤如下：

1. 打开【Motion Manager】（图 3-14）。

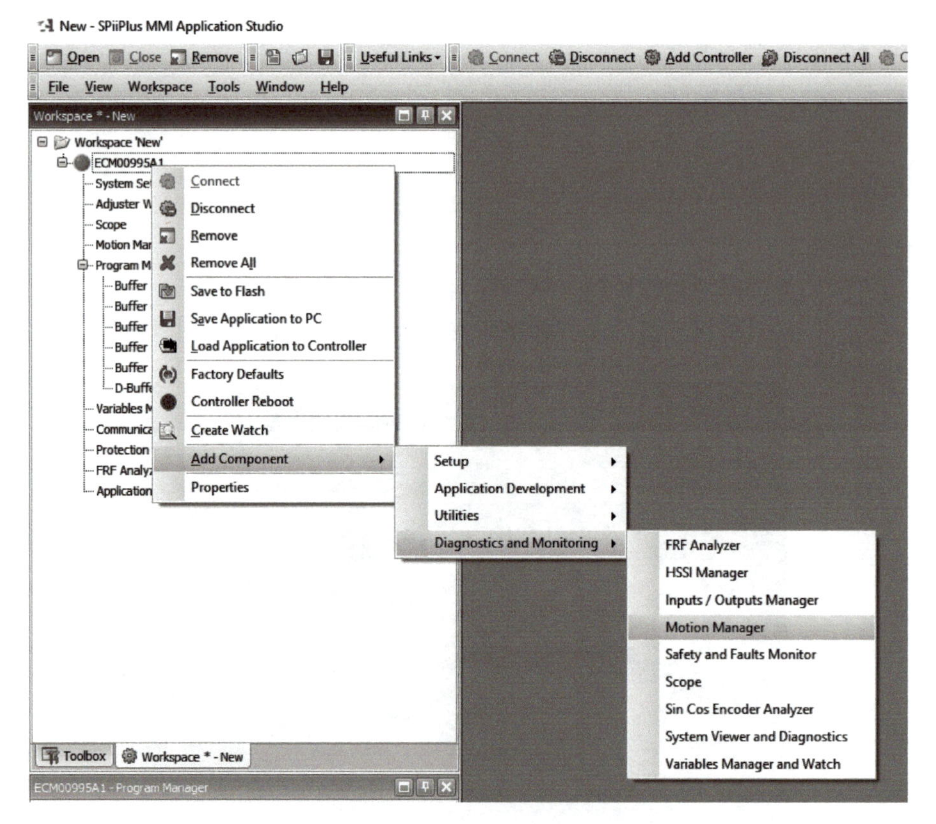

图 3-14 Motion Manger 打开流程

2. 选择 Back and Forth Move（图 3-15）。

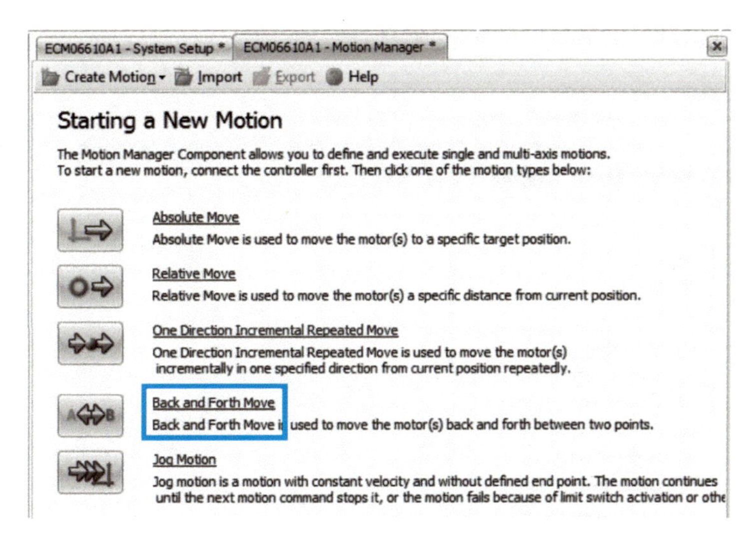

图 3-15　Back and Forth Move 选择界面

3. 测试 X 轴时只选择 Axis0（X）（图 3-16）。

测试 X 或 Y 轴时，另一轴保持在适当位置，并确保 Z 轴处于安全高度。

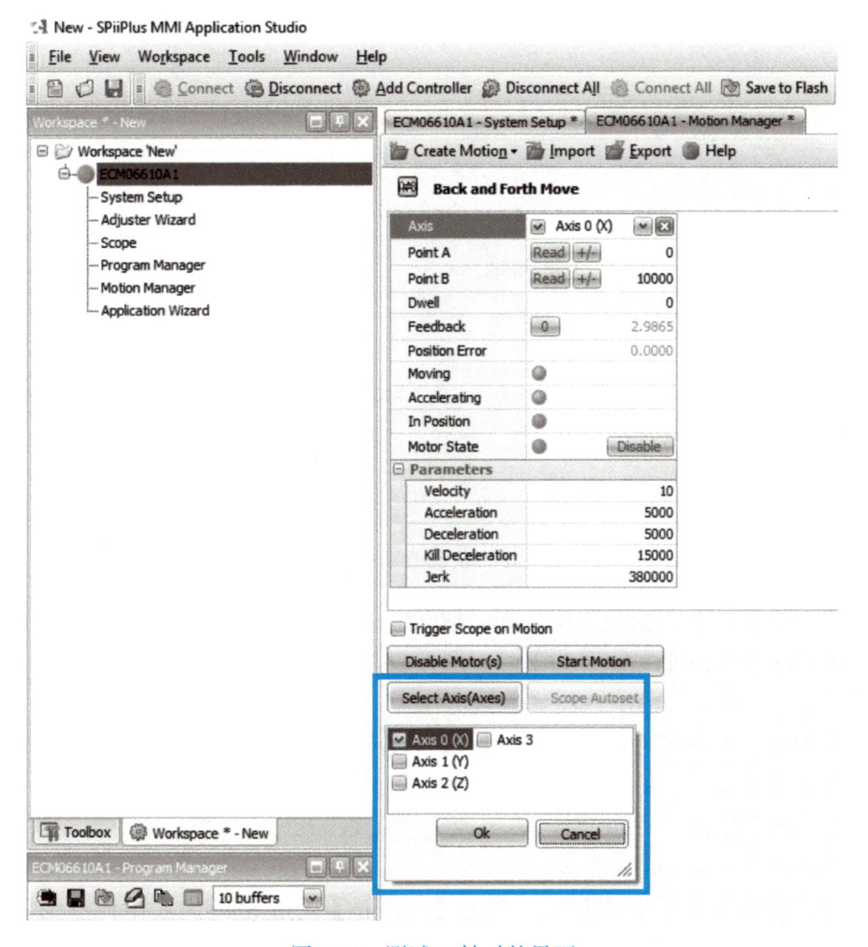

图 3-16　测试 X 轴时的界面

4. 打开 Scope（图 3-17）。

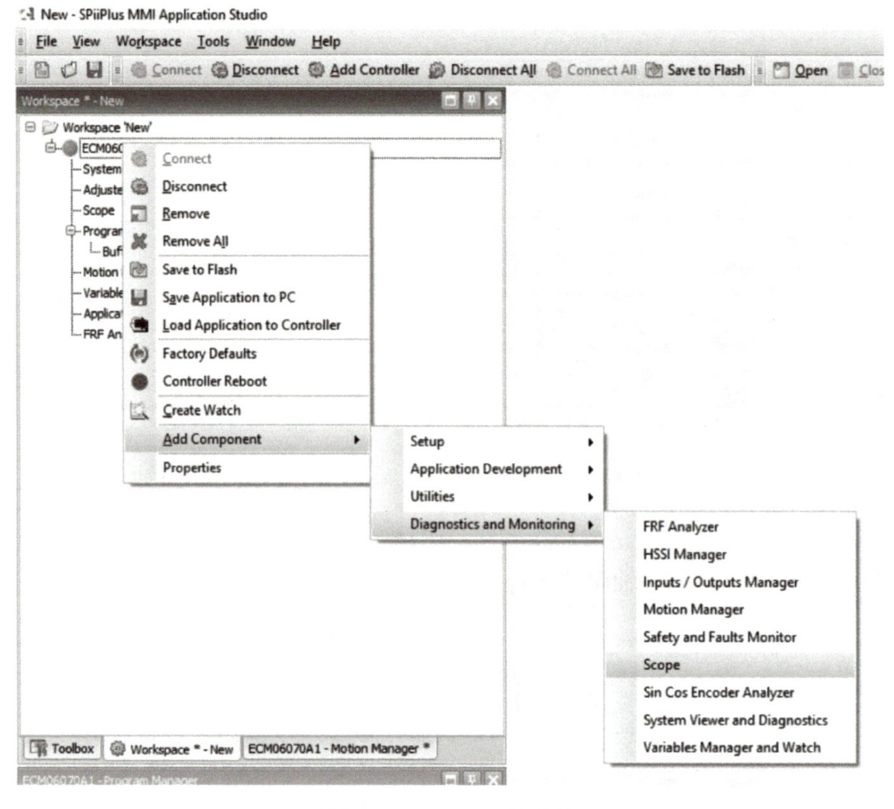

图 3-17 Scope 打开流程

5. 如图 3-18 所示设置信号变量和轴。

Signals Cursors Riders Statistics

Number 5 Display YT

Channel	State	Variable	Axis / Index	Scale / Limits	Shift
CH1	On	Reference Velocity	(0)	1E-006 units/div	5.000 div
CH2	On	Position Error	(0)	5E-006 units/div	5.000 div
CH3	On	MST	(0),Bit 4	1E-006 units/div	5.000 div
CH4	On	AST	(0),Bit 5	1E-006 units/div	5.000 div
CH5	On	Feedback Velocity	(0)	5E-003 units/div	5.000 div

图 3-18 设置信号变量和轴

6. 单击变量项打开“变量”框，在“搜索”框中选择或搜索 MST（图 3-19）。

7. 设置 MST 为 Bit4，AST 为 Bit5（图 3-20）。

8. 设置 scale 为 50ms/div（图 3-21）。

9. 设置 Point A 为“0”，Point B 为“1”，Dwell 为“200”，点击【Start Motion】开始往复运动（图 3-22）。

请注意，在进行 MST 检查时，不要改变“Acceleration”“Deceleration”，“Kill Deceleration”以及“Jerk”的数值。

10. 单击【Run】开始收集信号。单击【Autofit】可在范围内居中调整形状并缩放形状（图 3-23）。

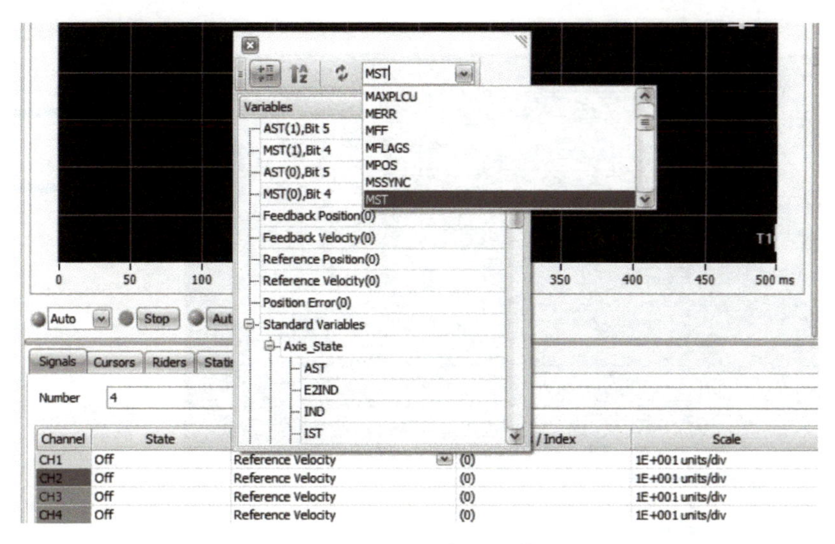

图 3-19　MST 打开操作

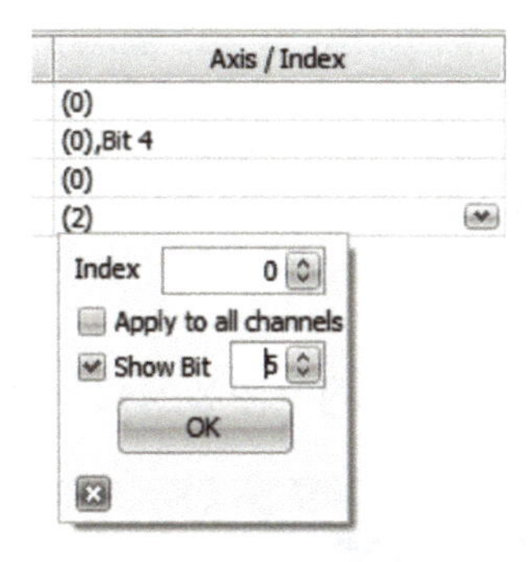

图 3-20　参数设置

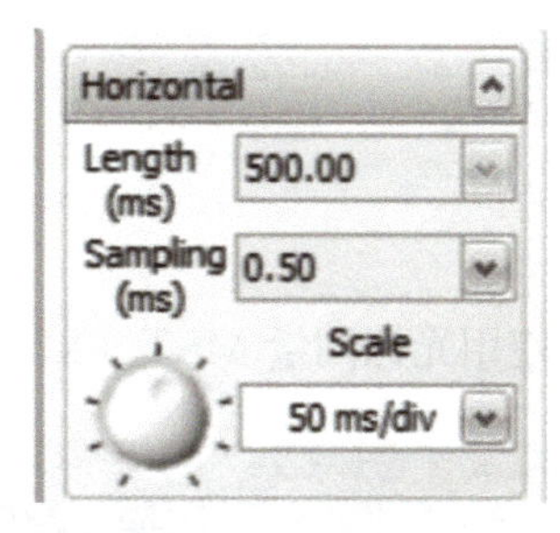

图 3-21　设置 scale

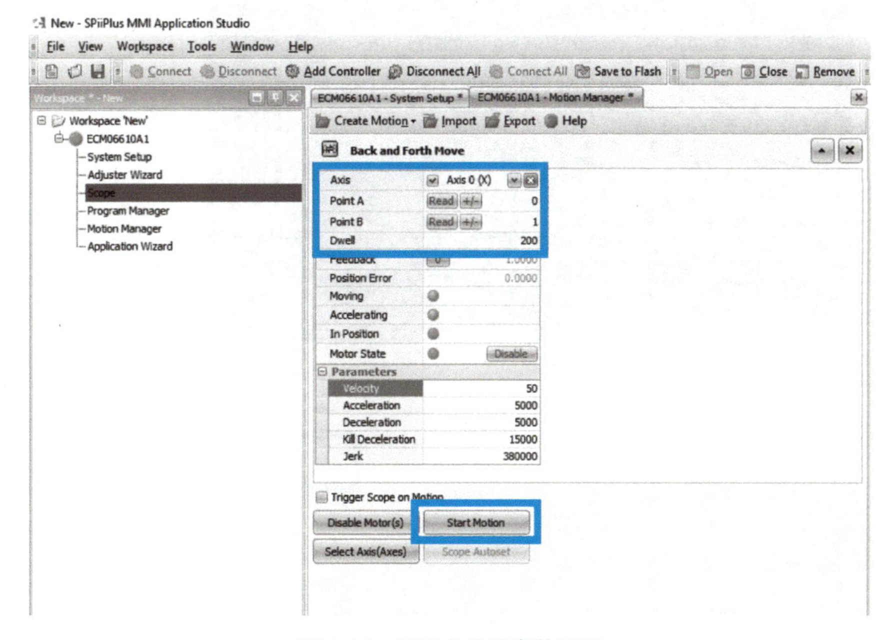

图 3-22　运动点相关参数设置

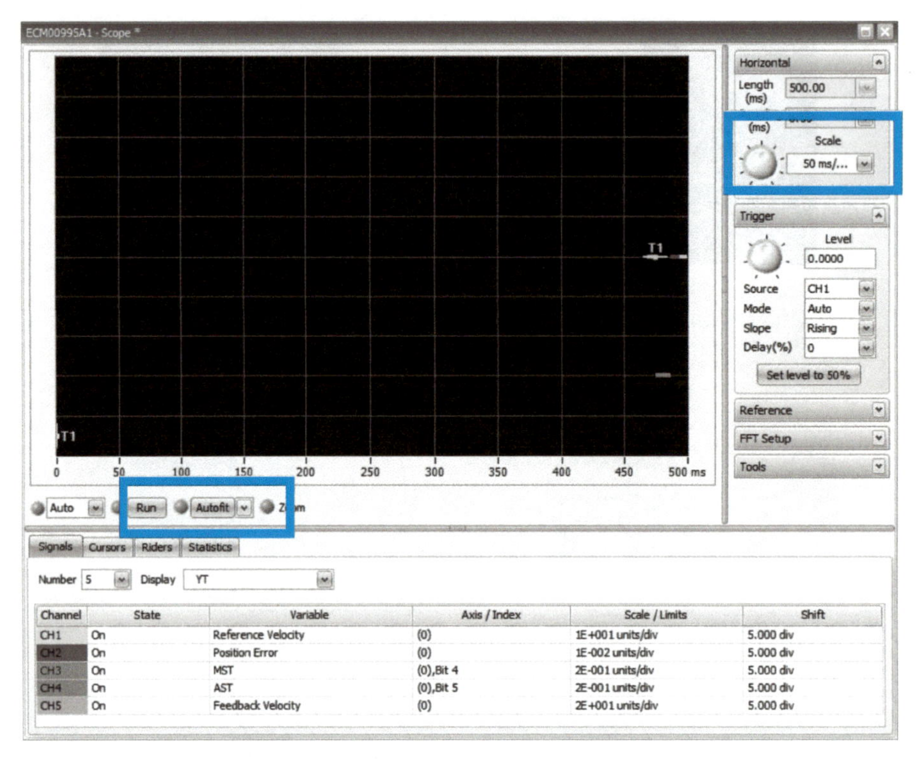

图 3-23　信号收集界面

11. 使用光标测量 MST（X2-X1），确保 X 轴的数值在范围内（图 3-24）。

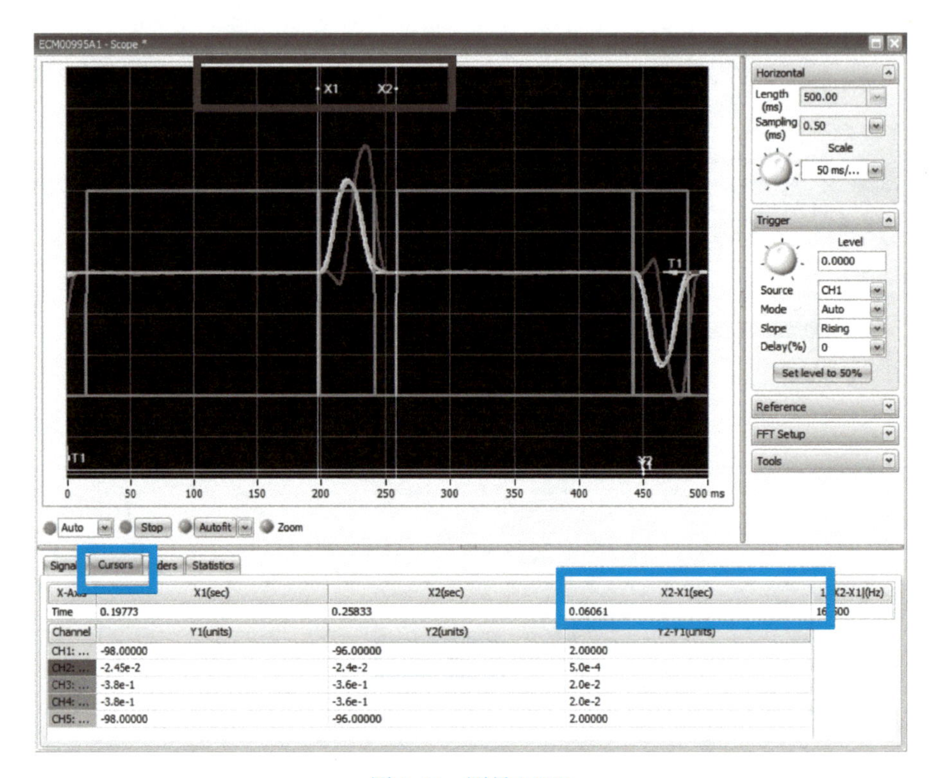

图 3-24　测量 MST

12. 在 PM 报告中记录 MST（X2-X1）在点 0～1 间的数值。

13. 将点 A 设置为“30”，点 B 设置为“31”，并在这两点之间执行 MST 测试。确保 MST（X2-X1）的值在要求范围内。

14. 在 PM 报告中记录 MST（X2-X1）在点 30～31 间的数值。

15. 将 A 点设置为“60”，B 点设置为“61”，并在这两点之间执行 MST 测试。确保 MST（X2-X1）的值在要求范围内。

16. 在 PM 报告中记录 MST（X2-X1）在点 60～61 间的数值。

17. 在 Y 轴上执行相同的步骤，Y 轴的 MST（X2-X1）的值在要求范围内。

3.3.8　光学系统维护

3.3.8.1　激光功率校准

激光功率校准对基因测序仪的重复性和精度非常重要，因此需要定期对激光功率进行校准。激光功率计采用精确的校准技术，可测量不同波长的激光功率，是激光在实验室、生产部门等多种应用环境中必不可少的工具。以 MGISEQ-200 为例，其激光功率校准的具体操作流程如下：

1. 使用手持式功率计测量物镜末端的激光功率（图 3-25）。

请注意，请勿在测序仪上直接安装测激光的软件，可能会造成系统崩溃。

2. 测量时，功率计与物镜距离应控制在 0.5cm 左右（图 3-26）。

图 3-25　激光功率测量

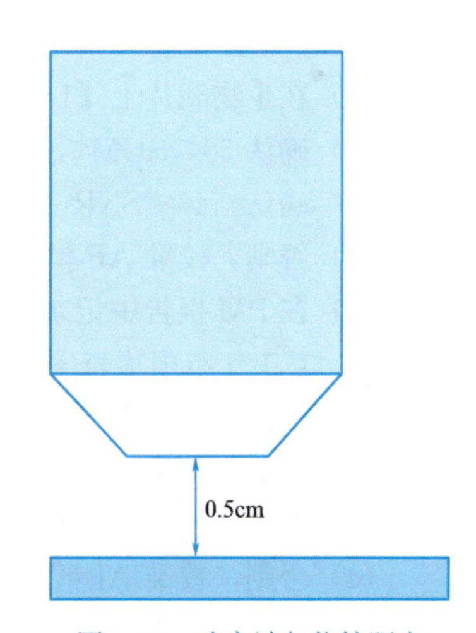

图 3-26　功率计与物镜距离

3. 将激光功率计探头切换到 500MW 挡位，然后放在物镜端部下约 0.5cm 处。

4. 点击【Laser Control】，激光器使能（图 3-27）。

5. 将激光功率计的检测波长设置为绿光波长。然后单击【Open Green】（打开绿激

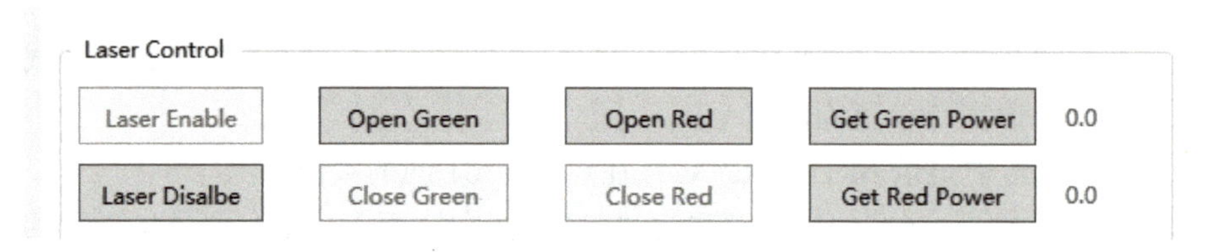

图 3-27 激光控制界面

光）以启用绿色激光。确保探头位于物镜末端约 0.5cm，激光点位于传感器的中心位置。读出激光功率计的值，确保其在要求内。

6. 将激光功率计的检测波长设置为红光波长。然后单击【Open Red】（打开红激光）以启用红色激光。确保探头位于物镜末端约 0.5cm，激光点位于传感器的中心位置。读出激光功率计的值，确保其在要求内。

7. 如果激光功率不满足要求，通过改变设定电压来校准功率，直到激光功率在范围内。

此外，请注意，如果任意一种激光功率设置为 5V（激光功率仍不足 330MW 时），则需要更换激光器。

3.3.8.2 自动对焦检查

1. 焦点与色差检查

（1）在生物载片上【LOCK AF】。

（2）单击【Adjust】绘制 Adjust 曲线。确保所有峰位于中心，最大峰距≤0.5μm。

（3）否则，改变【Target】并再次绘制 Adjust 曲线，直到所有峰值满足要求。

（4）截图并将图像上传到 PM 报告，在 PM 报告中记录数值。

2. AF 参数检查

（1）在生物载片上【LOCK AF】。

（2）确认 50≤SUM≤98。

（3）确认−40≤SNR≤40。

（4）否则，校准 AF 模块，直到 AF 参数在范围内。

（5）在 PM 报告中记录数值。

3. AF 工作范围检查

（1）在生物载片上【LOCK AF】。

（2）将 Z 高度向上移动 40μm，然后再次【LOCK AF】。确认 Z 轴能回到焦面。

（3）将 Z 高度向下移动 40μm，然后再次【LOCK AF】。确认 Z 轴能回到焦面。

（4）否则，校准 AF 模块，直到 AF 工作范围在±40μm 以内。

（5）在 PM 报告中记录数值。

3.3.8.3 平台平整度检查

1. 将生物载片放在平台上，打开负压泵，然后移动滑台，使物镜可以移动到这些点上方（图 3-28）。

图 3-28　生物载片及位置点

2. 当移动到每个点时，点击【Lock】，使系统对焦于该点（图 3-29）。

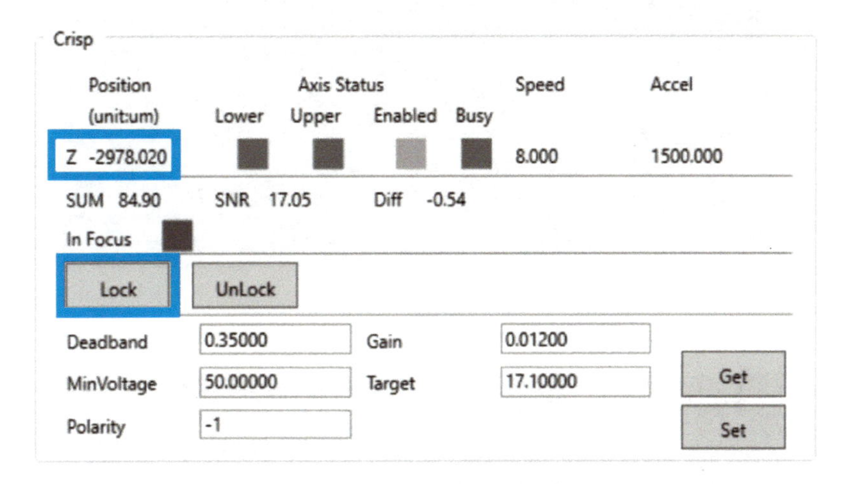

图 3-29　系统对焦锁定

移动前，将 XY 滑台的移动速度设置为“10”，这样运动就更容易控制，也更精确。

3. 记下每个点的【Lock】时的 Z 高度，计算 X 方向和 Y 方向的最大 Z 高差。确保 X 方向的最大 Z 高差≤10μm，Y 方向的最大 Z 高差≤10μm。在 PM 报告中记录数值。

4. 在生物载片的中心区域【LOCK AF】，然后单击【Adjust】绘制曲线，确保最大峰距≤0.4μm。在 PM 报告中记录数值。

5. 否则，调整载片平台平整度，再次绘制曲线，直到 XY 的 Z 高差和最大峰距均满足要求为止。

3.3.8.4　相机偏差检查

1. 在生物载片上拍照并在【Image J】中打开图像，并调整对比度至【Auto】。选取【Image J】软件上方框选项，在图像上选取一条 Track 线从左拉到右（图 3-30）。

2. 使用小键盘对所标记的 Track 线最左端进行放大，找到 Track 线中心的点，记录下 Y_1 坐标值（图 3-31）。

3. 再对此 Track 线最右端进行放大，找到 Track 线中心的点，记录下 Y_2 坐标值。

4. 计算左右两端 Y 值差值即为 Track 线两端的像素点差，要求≤8 个像素点。

5. 如果相机旋转度与要求不符，就松掉相机筒镜固定顶丝，稍微旋转相机筒镜方向（图 3-32）。

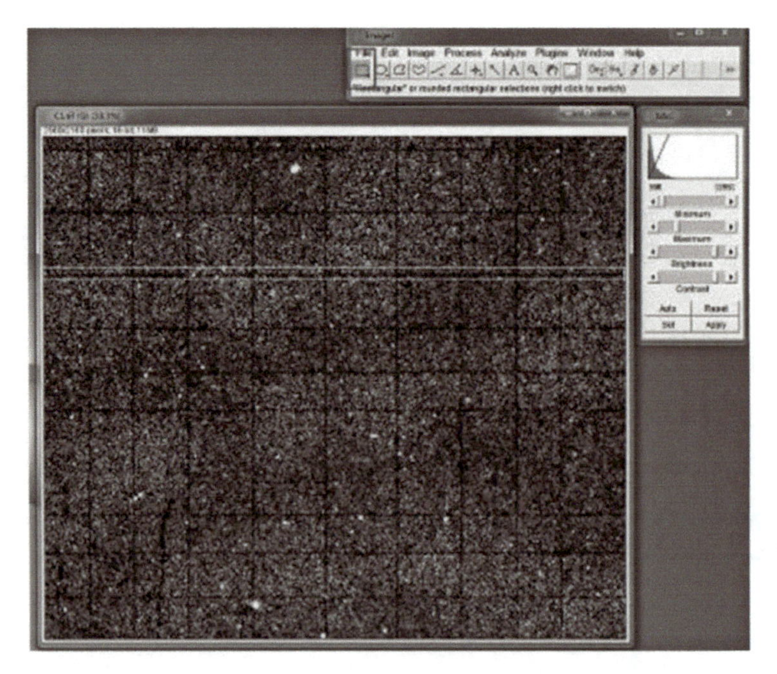

图 3-30 【Image J】界面及 Track 线

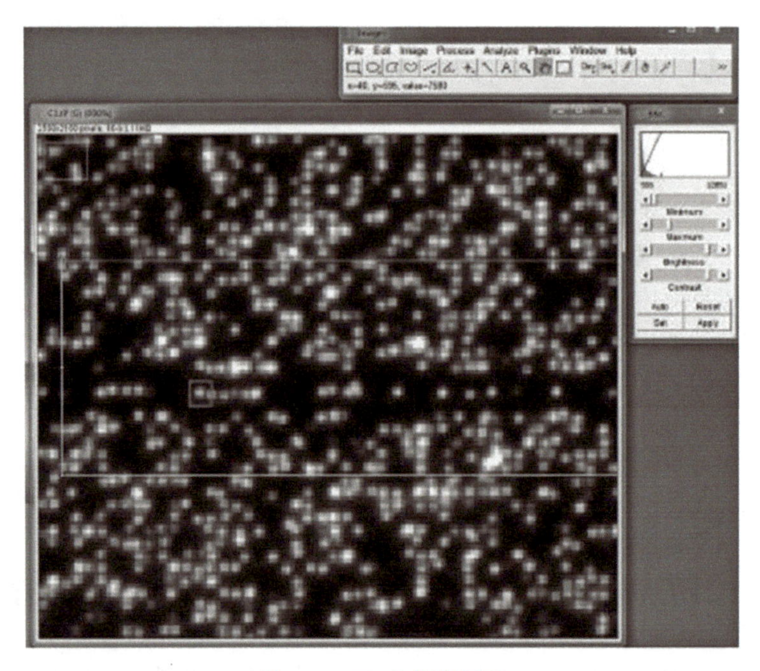

图 3-31 Y_1 坐标值记录

6. 按照相同方法计算此时的相机旋转度，若仍不满足要求，则继续微调，直至满足要求为止。

7. 固定相机筒镜固定顶丝后须重新拍照确认，确保固定顶丝后仍满足要求。

图 3-32 相机筒镜

3.3.9 维护验证

3.3.9.1 平台温度检查

1. 将温度探头连接数字温度表并吸附在目标平台上（图 3-33）。

2. 打开【Engineer Tool】，转到【Temperature Board】页面，然后选择【V01 _ 1 Temperature Min】。

3. 输入目标温度，然后点击【Set Target】。

4. 当温度稳定时，从温度表上读取数值。

5. 测试所有目标值：20℃、25℃、35℃、55℃、65℃和70℃，并从温度表中读数。

6. 如果温度表读数比目标温度高或低0.5℃，则校准平台温度。

7. 在PM报告中记录数值。

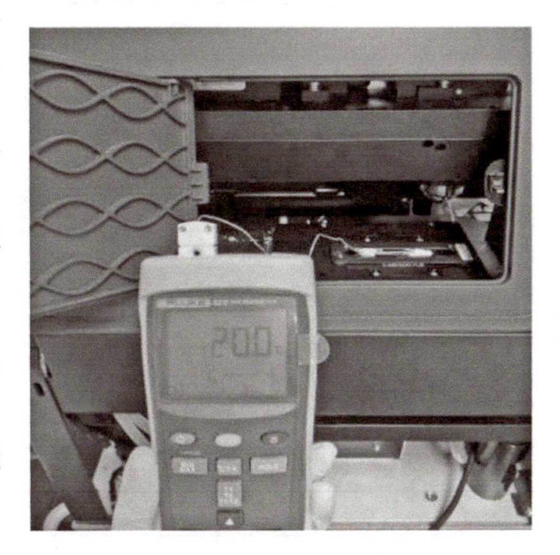

图 3-33 数字温度表连接示意

3.3.9.2 温度升降温速率验证

1. 验证平台温度后，将目标温度设置为20℃。

2. 将温度探头连接数字温度表并吸附在目标平台上。

3. 将目标温度设置为60℃并启动计时器。

4. 当温度表数值达到59.5℃，停止计时器并读出升温的时间。必须小于或等于PM报告中的相应要求。

5. 等待60℃稳定一段时间，复位计时器，然后将目标温度设置为20℃并再次启动计时器。

6. 当温度表数值达到 20.5℃，停止计时器并读出降温的时间。必须小于 PM 报告中的相应要求。

7. 如果升降温速率不符合要求，需要检查冷却箱的冷却液液位。

3.3.9.3 负压检查

1. 在平台上放置载片，确保负压表的数值在规定的范围内（图 3-34）。

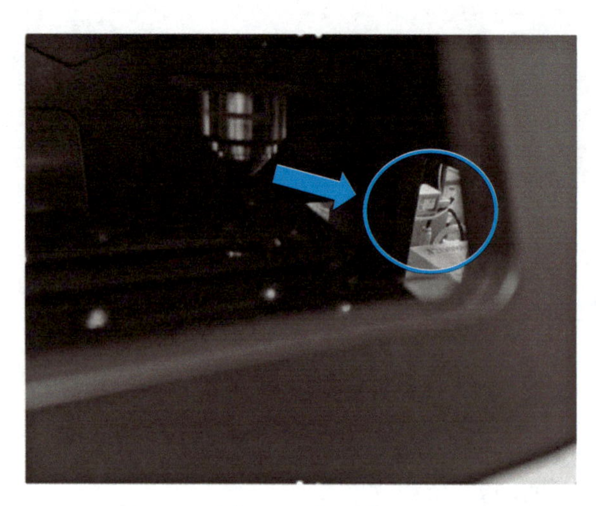

图 3-34 负压表

2. 将平台温度改为 55℃，并确保负压仍在范围内（图 3-35）。负压范围表见表 3-5。

图 3-35 平台温度设置

负压范围表 表 3-5

海拔	负压上限	负压下限
0～500m	−80kPa	−99kPa
500～1500m	−75kPa	−95kPa
1500～2500m	−60kPa	−80kPa
2500～3500m	−55kPa	−70kPa

3. 将平台温度设置为 20℃。

4. 在 PM 报告中记录数值。

3.3.9.4 水洗体积验证

1. 在【EUI】中，选择【RunScript】，点击【InitRunScript】初始化装置，随后点击【START SETTING UP SCRIPT】进入设置界面（图 3-36）。

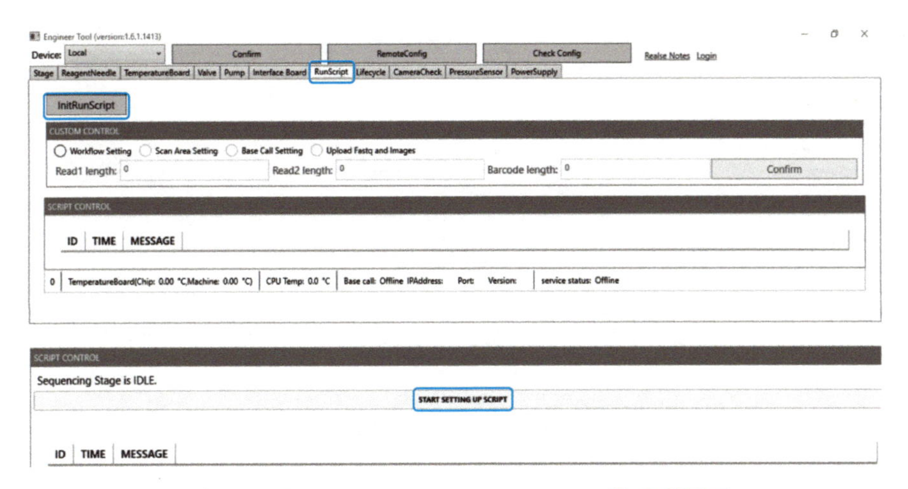

图 3-36　【START SETTING UP SCRIPT】流程界面

2. 依次输入【FlowCell Barcode】和【Reagent Barcode】后，选择【ver1.0.0/V02Water _ Filling（config2）. py】脚本。依次点击【SCAN FLOWCELL BARCODE】【SCAN REAGENT BARCODE】和【SAVE SELECTED FILE】，等待界面变化（图 3-37）。

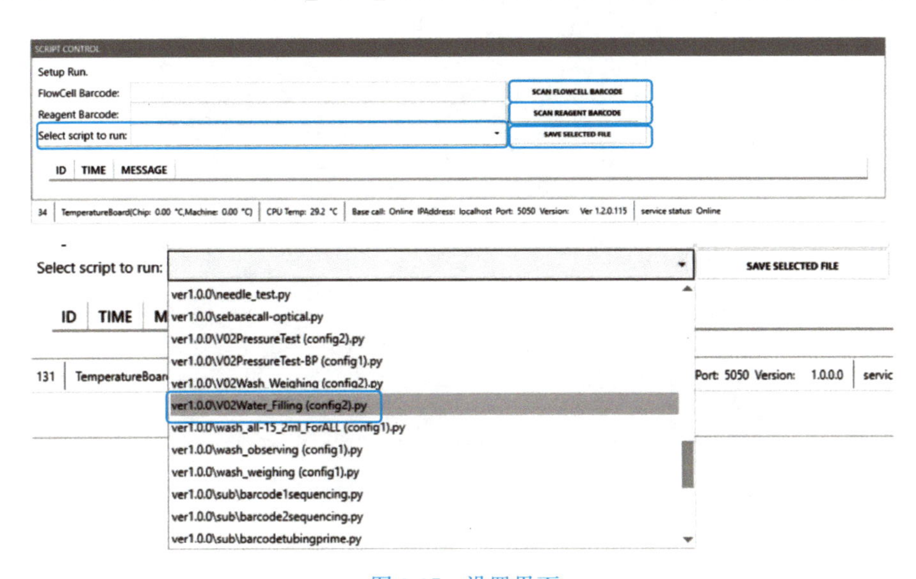

图 3-37　设置界面

3. 点击【START SCRIPT】，脚本开始运行（图 3-38）。此脚本运行结束后，所有管路均充满超纯水。

4. 用 Milli-Q 水补充水洗试剂盒和 DNB 管。

5. 将注射泵的出口管道放入空的 15mL 离心管中（图 3-39）。

6. 同样方法在【RunScript】界面下，选择【V02Wash _ Weighing（config2）. py】脚本运行。

7. 脚本运行完后测量离心管中的液体体积。液体体积应该≥11mL。将体积值记录到安装调试报告中。

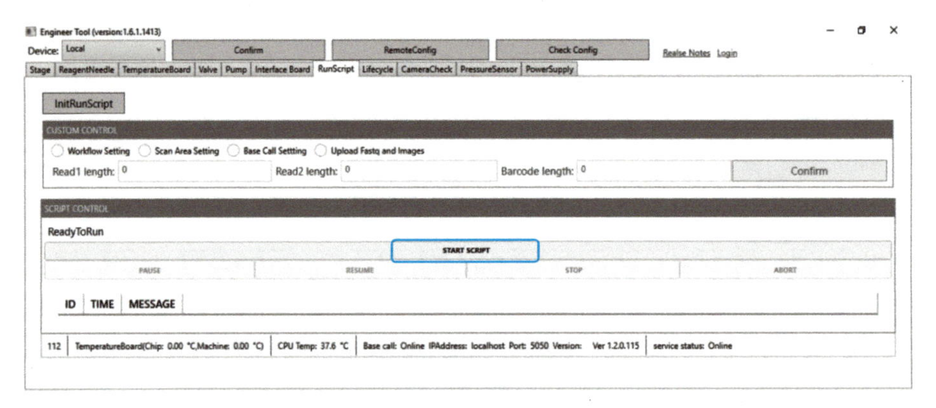

图 3-38 【START SCRIPT】流程界面

图 3-39 注射器出口管道接入离心管

3.3.10 扫描测试

1. 将生物载片放在载片平台上并吸附。

2. 打开工程师 UI，进入【RunScript】界面，选择【ver1.0.0\sebasecall-optical.py】。

3. 依次点击【SCAN FLOWCELL BARCODE】【SCAN REAGENT BARCODE】【SAVE SELECTED FILE】，运行脚本。

4. 测序仪会扫描整张芯片，确保【Scan Test】成功结束运行。

5. 在 D 盘中检查【Scan Test】的结果。

6. 【Scan Test】结束后，在 PM 报告中检查相应项目。

3.3.11　维护完成后的处理工作

1. 通过以下步骤对基因测序仪进行清洗（图 3-40）。

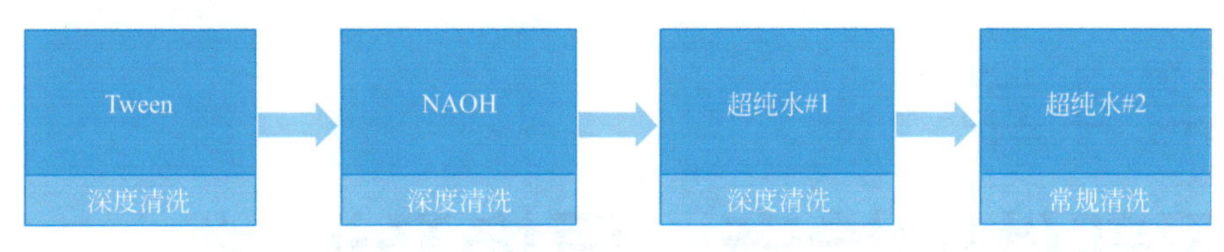

图 3-40　清洗流程

2. 完成“预防性维护报告”和“预防性维护检查表”。

习题

一、选择题

1. 对 XY 滑台进行维护时，导轨上共有几个点需要进行润滑（　　）?

A. 2 个　　B. 4 个　　C. 8 个　　D. 16 个

2. 对 MGISEQ-200 进行激光功率校准时，功率计与物镜距离应控制在（　　）左右。

A. 0.1cm　　B. 0.2cm　　C. 0.25cm　　D. 0.5cm

3. 以下哪种情况下描述不正确（　　）?

A. 每次测序开始前及测序结束后均需要进行常规清洗

B. 仪器首次使用时需进行深度清洗

C. 进行 SE 测序时，需两周进行一次深度清洗

D. 进行 PE 测序时，需一周进行一次深度清洗

二、填空题

1. 进行深度清洗时，所需的清洗剂包括__________、__________、__________和__________。

2. 基因测序仪的芯片平台组成，包括__________、__________、__________和__________。

三、简答题

1. 请简要阐述主机维护的步骤。

2. 请简要阐述 SBC 维护步骤。

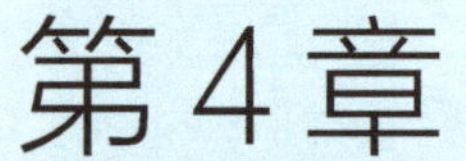

第4章 零部件的检查、更换及调试

教学目标

1. 熟悉基因测序仪的常换部件。
2. 熟悉常换部件的更换及调试过程。
3. 能熟练上机实操，完成相应部件的更换及调试。

基因测序仪长时间高负荷工作，其许多零部件容易产生磨损和损耗，为防止基因测序仪发生故障，对机器各易损部件做好日常维护及检查显得尤为重要。本章节将以MGISEQ—200基因测序仪为例，重点讲述基因测序仪各个模块的检查、更换及调试方法。

4.1 光学模块

基因测序仪光学模块包括相机和激光器。

4.1.1 更换相机

4.1.1.1 工具要求

在进行相机更换时，请提前准备相机、电源线、串口线、USB线、标准维修工具。

此外，请注意，如果现有线缆未损坏，务必使用现有线缆以保障新相机的安全使用。

4.1.1.2 部件描述

相机各部件如图4-1所示。

4.1.1.3　相机

相机外观如图 4-2 所示。

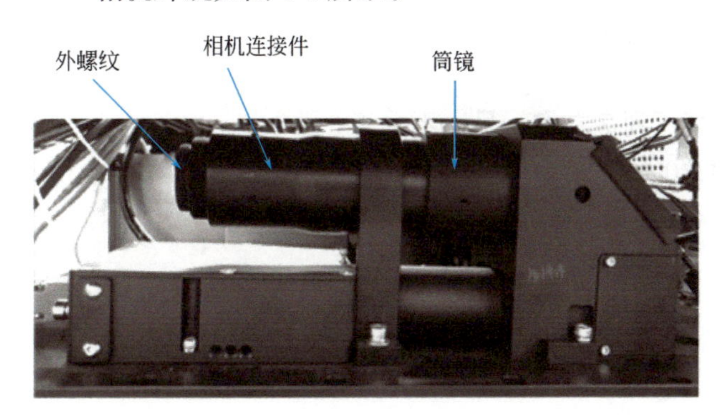

图 4-1　相机各部件

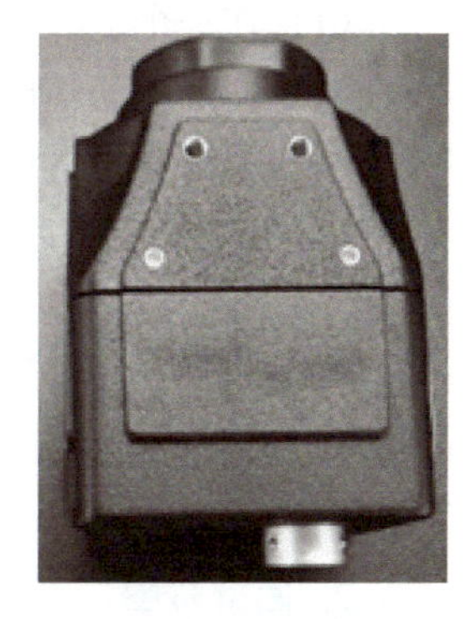

图 4-2　相机外观

相机的安装固定方式是通过自带的内螺纹与相机转接件旋紧固定。如图 4-3 所示。

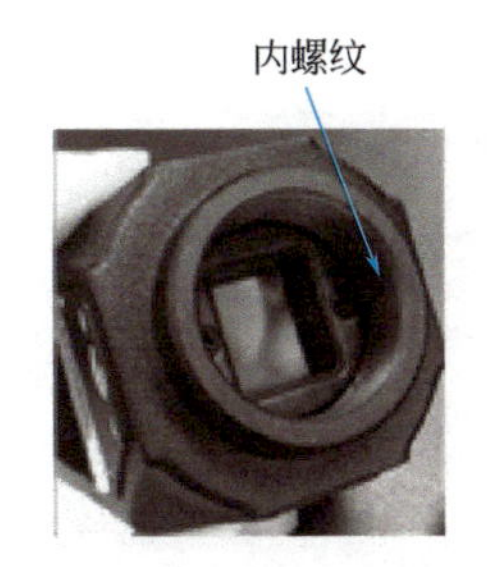

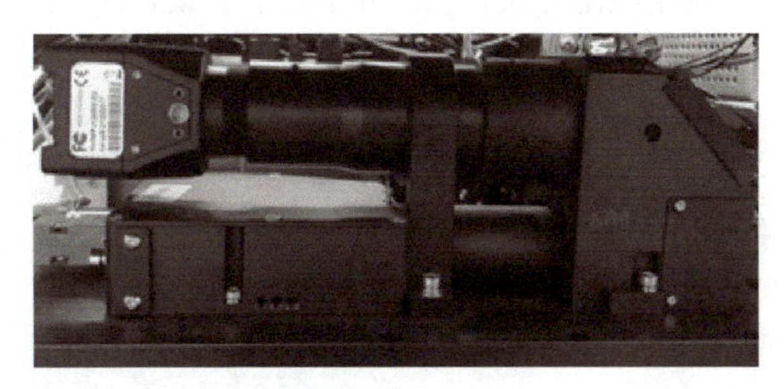

图 4-3　相机安装固定方式

相机连接线有两根，一根相机数据线，一根相机触发线。如图 4-4 所示。

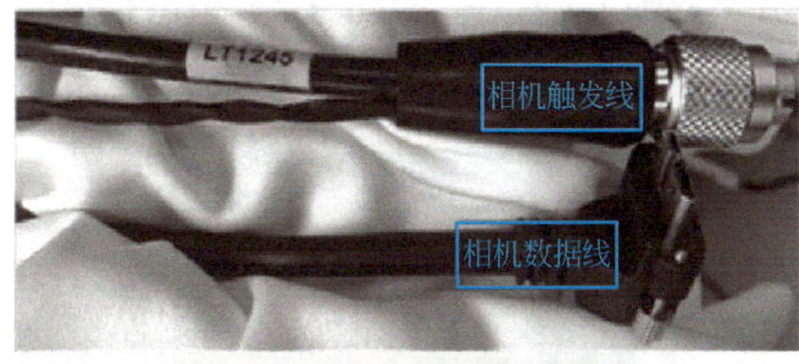

图 4-4　相机连接线

4.1.1.4 相机调试标准

对比相机更换前后的调试标准，或者与其他 MGISEQ-200 的机器做对比。

（1）在一个 FOV 里的同一条 Track 线左右像素差不超过 8 个。

（2）图片中心清晰不虚焦。

（3）红绿光下的图片得分 SNR 最高可到 7 左右，最小不少于 3。

（4）跑完 1×1 后，建议查看 CycQ30 平均值>75。

4.1.1.5 相机调试

1. 调试工具

生物芯片。

2. 调试步骤

（1）换上相机，并连接相机线。仪器通电，能看到相机后面有绿色灯长亮，表示相机已连接成功，可以正常运行（图 4-5）。

（2）按下真空吸附开关，在芯片平台上装载芯片（图 4-6）。

图 4-5 相机连接成功

图 4-6 芯片平台装载芯片

（3）打开工程师 UI 软件，点击【Confirm】初始化之后，点击【RemoteConfig】，打开【Remote Config Client】窗口（图 4-7）。

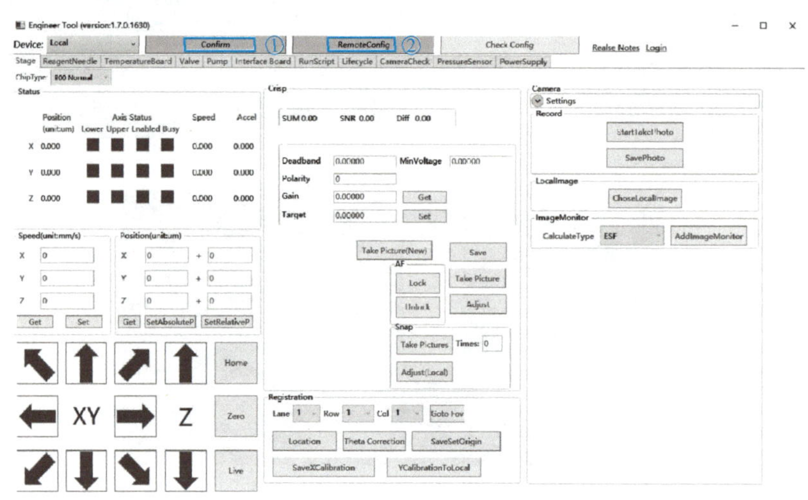

图 4-7 【Confirm】初始化

（4）在【Remote Config Client】窗口中，点击【System】，【Type of Camera】选择【Lumenera】（图 4-8）。

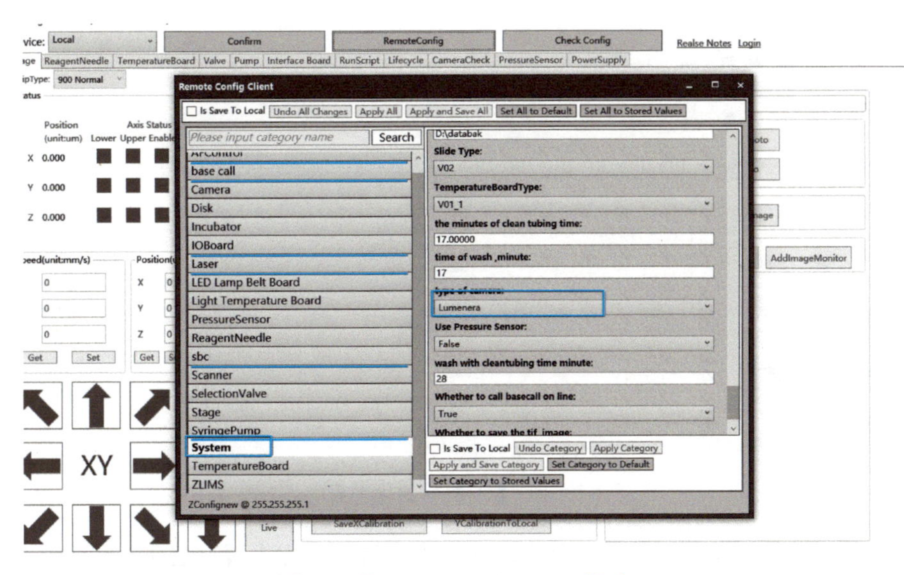

图 4-8　【Remote Config Client】窗口

（5）再点击【Camera】→【Black Level】设置为“10”，【Camera output image bits prt pixel】设置为“16”，【initial gain】设置为“1”，【flag of Simulated】选择【True】。勾选【Is Save To Local】，再点击【Apply and Save Categony】。出现参数变化保存提示小窗口，点击【OK】，最后关闭工程师 UI 软件（图 4-9）。

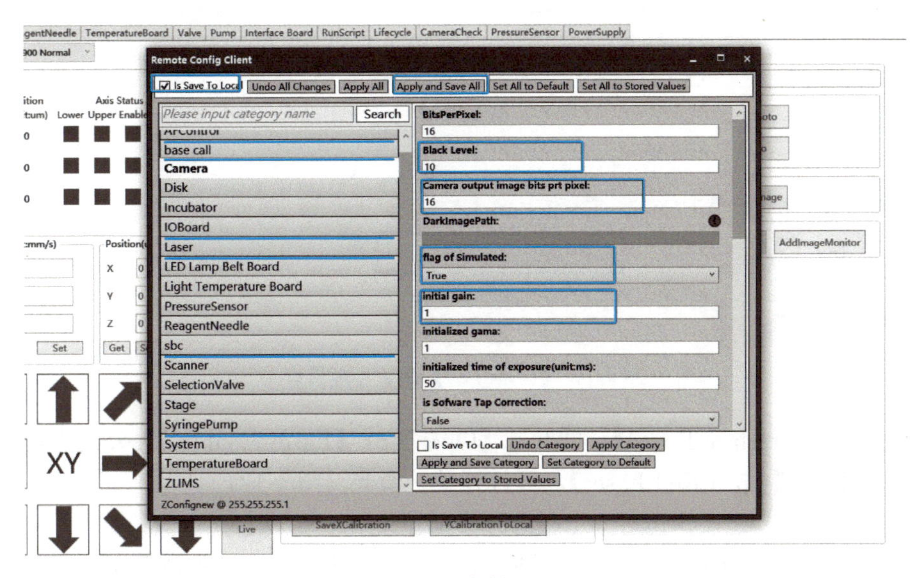

图 4-9　参数设置

（6）再次点击工程师 UI 软件，选择【715 Normal】点击【Confirm】初始化之后，点击【int】初始化平台（图 4-10）。

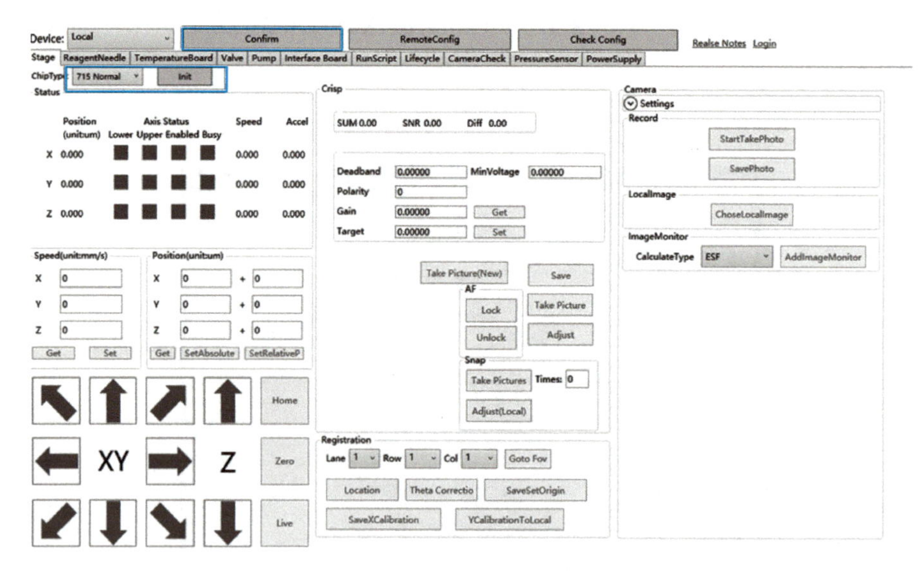

图 4-10 【int】初始化平台

（7）点击【Goto Fov】，芯片平台移动起始点位置，再点击【Lock】，此时芯片在焦面上。建议移动平台，选芯片中间任一 FOV（图 4-11）。

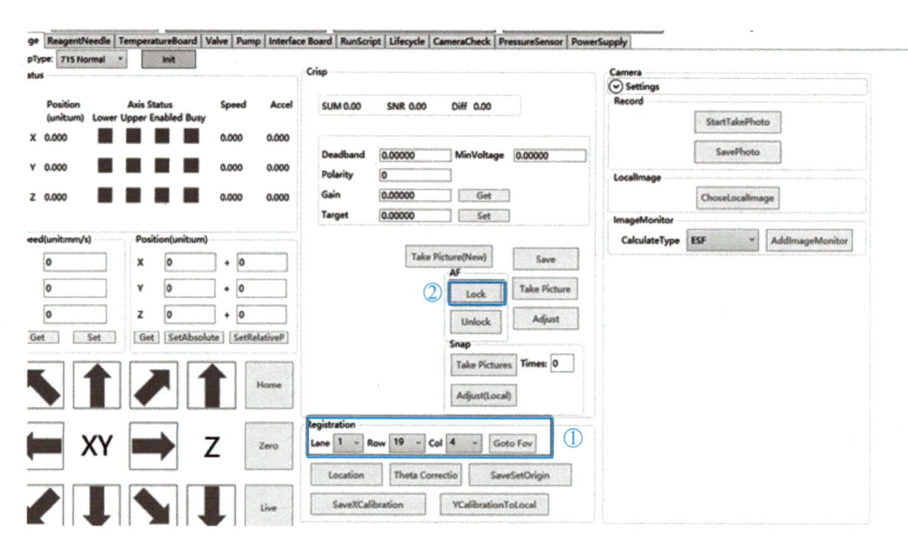

图 4-11 【Goto Fov】相关参数设置

（8）点击【Interface Board】，再点击【Open】→【Laser Enable 】，分别点击【Open Green Laser】或【Open Red Laser】，可打开某一激光（图 4-12）。

（9）移动平台，建议物镜对准工程芯片中间位置。

（10）打开桌面 LuCam Capture 软件，分辨率设置为“4112×3008”，【gamma】值设置为“1”，点击【Start Preview】打开【Video Preview】界面。【Video Exposure】根据实际情况设置，要求可清晰看到 Track 线。【Snapshot Exposure】设置与【Video Exposure】一样数值（图 4-13）。

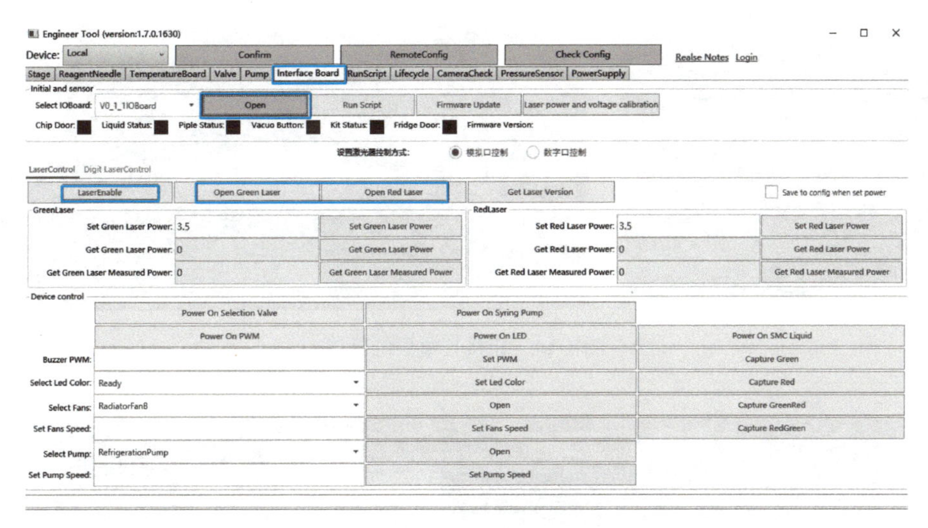

图 4-12　打开激光操作

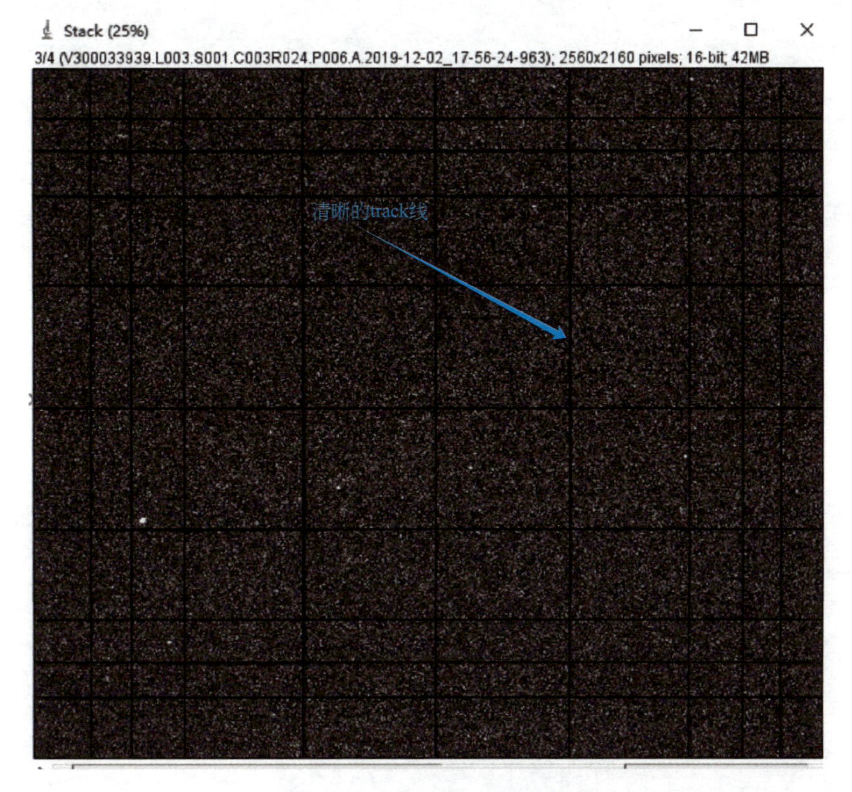

图 4-13　显示 Track 线步骤

（11）可以随便打开一个界面比对 Track 线，方便调试。先确定相机拧紧后的位置如图 4-14 所示。

（12）松开连接筒支撑架的上、前、后共 3 个顶丝以及基准支撑上固定筒镜的 2 个顶丝。手抓住筒镜，用力往基准支撑方向水平压，抵紧后可看到筒镜右边的类似台阶的位置完全压进基准支撑里，再转动相机连接筒带动相机，调节 Track 线水平。调节到合适位置后，观察此时 Track 线是否仍水平，一边逐个拧紧顶丝（图 4-15）。

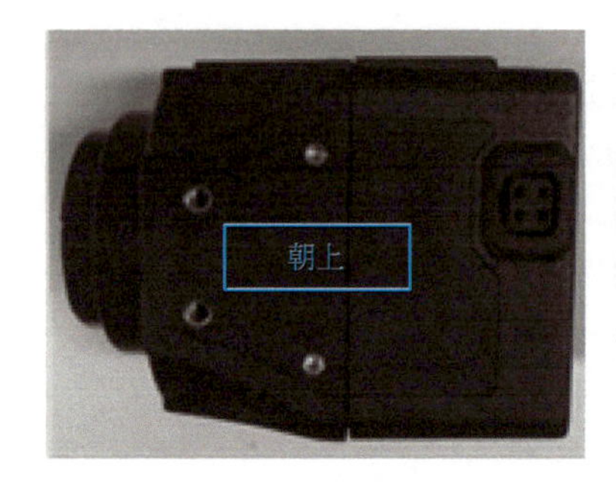

图 4-14　相机拧紧后的位置

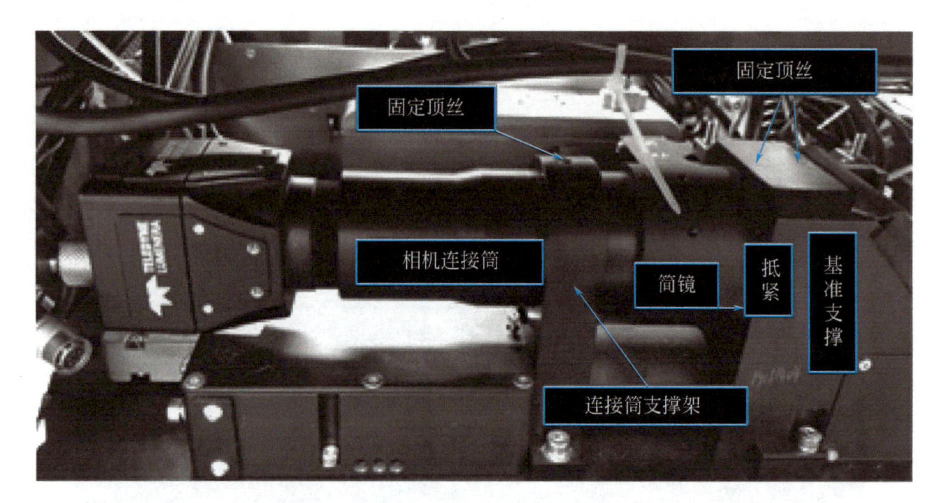

图 4-15　调节示意

（13）当 Track 线与【Image J】界面水平时，表示 Track 线也水平了，此时关闭激光（图 4-16）。

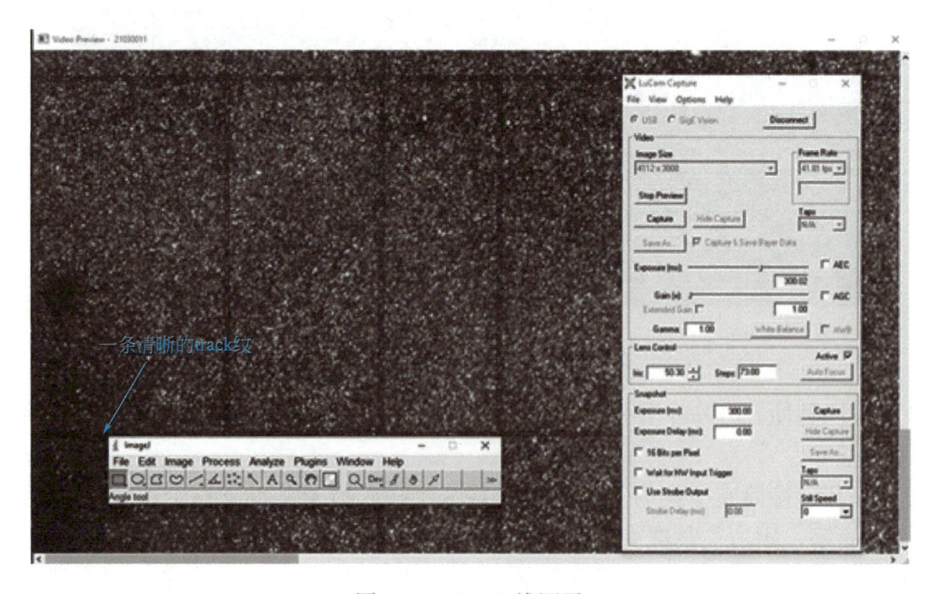

图 4-16　Track 线调平

（14）点击【Capture】，生成【Image View】，即拍照。再点击【Save As】，存储格式默认为“. bmp”，另存为图片到电脑上（图 4-17）。

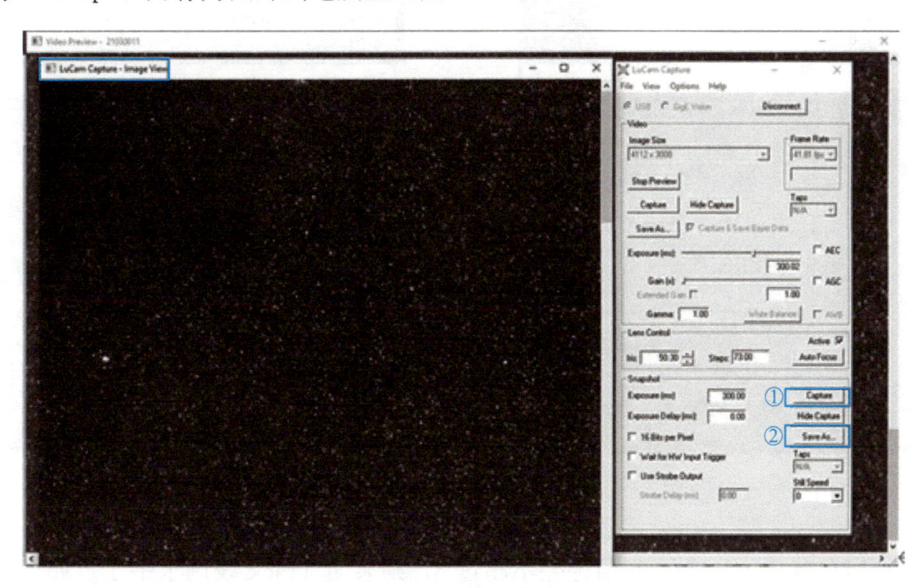

图 4-17 拍照步骤

（15）打开【Image J】软件处理图片，将存储的图片拖到软件里打开，可看到清晰的 Track 线（图 4-18）。

（16）按快捷方式“Ctrl+Shift+C”，打开图片对比度调整小窗口。点击【Auto】，调整图片亮度。再点击①小框图形，按住鼠标右键不放，在图像上选取一条 Track 线从左拉到右（图 4-19）。

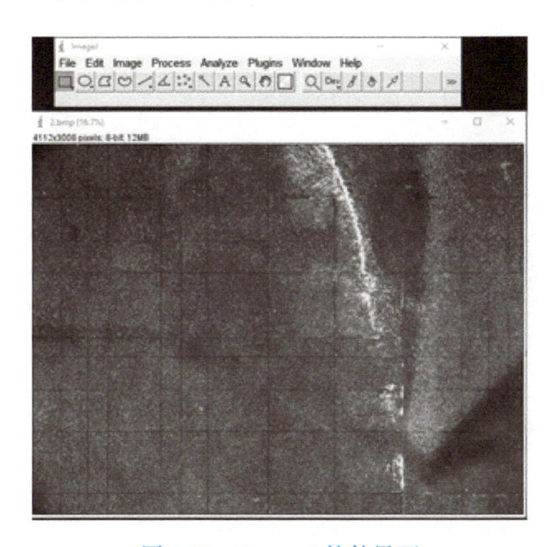

图 4-18 Image J 软件界面

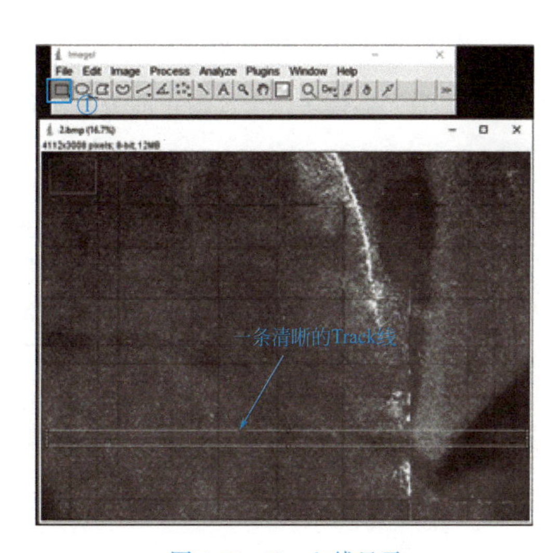

图 4-19 Track 线显示

（17）鼠标移到框的左端，按住 Ctrl 的同时，放大图片。选取 Track 线最中间的清晰分明的一个信号点，记录 Y 值（图 4-20）。

（18）再移到黄色框的右端，按住 Ctrl 的同时，放大图片。选取 Track 线最中间的清晰分明的一个信号点，记录 Y 值（图 4-21）。

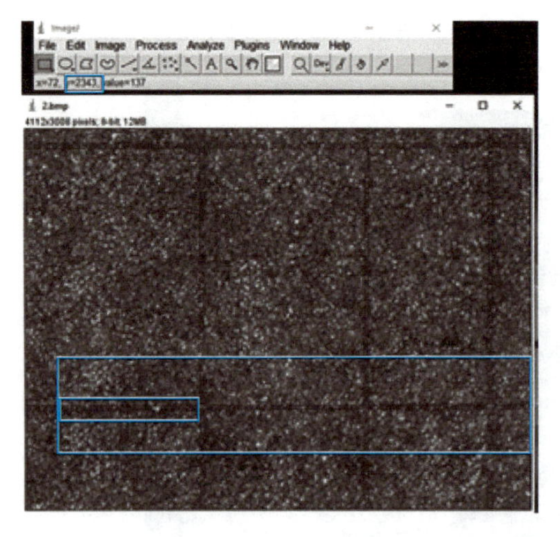
图 4-20 Y 值记录

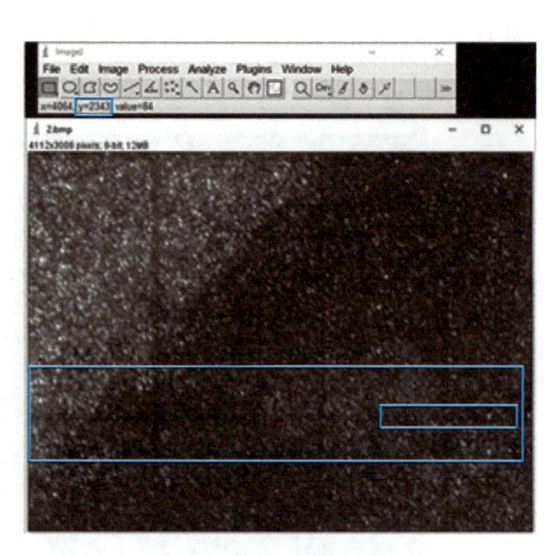
图 4-21 再次记录 Y 值

（19）当左右 Track 线的 Y 值像差不超过 8，则表明 Track 线调水平了。如果超过 8，则需要重复步骤（11）旋转相机，再重复上述步骤（12）～（16）。

4.1.2 更换激光器

4.1.2.1 工具要求

进行激光器更换时，应提前准备工具，包括激光器模块、电源线、串口线和 USB 线。

4.1.2.2 更换步骤

1. 激光器模块位于仪器正前方左下角，XY 平台下方（图 4-22）。

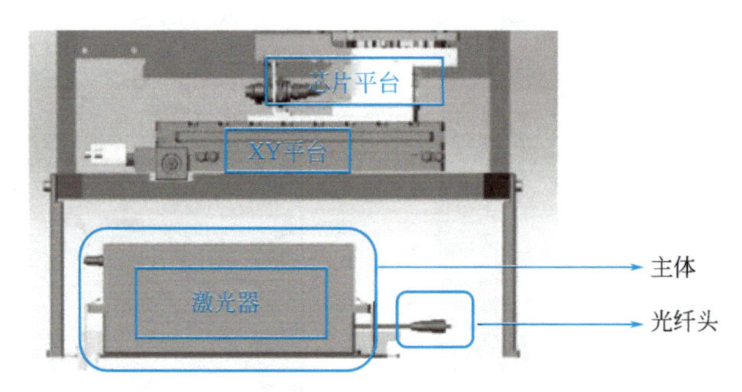

图 4-22 激光器模块在仪器上的位置

2. 更换激光器模块时务必小心，不要损坏光纤线缆。
3. 拆卸主模块时，先从光学组件上断开光纤耦合器转接环，拧紧小顶丝并记录位置（图 4-23）。
4. 调试用的顶丝长度大小不尽相同，务必不要混淆。

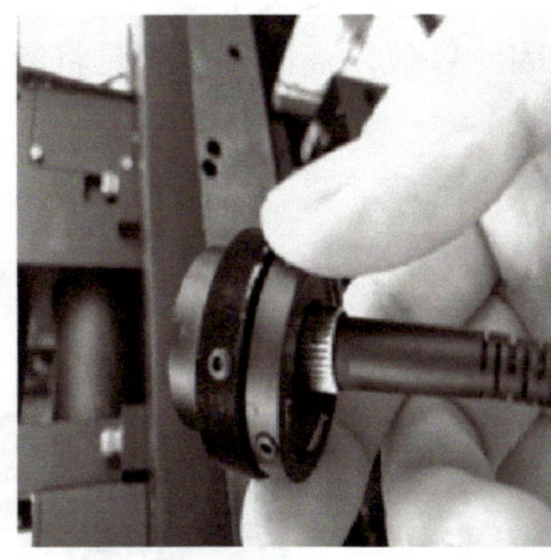
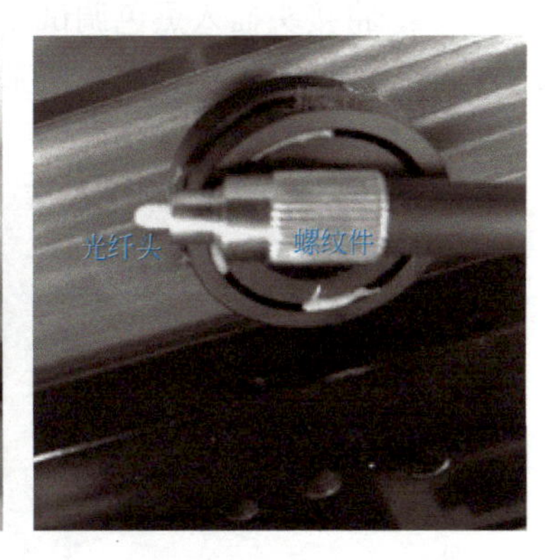

图 4-23　主模块拆卸及顶丝位置

5. 接头位于系统前部，Z 轴模块旁边。

6. 松开螺钉，取下光纤耦合器转接环和接头（图 4-24）。

光纤耦合器转接环和接头拆卸过程中，不要用力或倾斜，以免损坏光学模块。

7. 松开最外侧的螺钉，断开连到光纤耦合器转接环上的接头。

8. 光纤耦合器包括三个小部件，通过顶丝连接。

9. 由于大小不同，需将顶丝与其他螺钉分开放置。

10. 松开四颗螺钉，以卸下两个接头。三颗大六角螺钉，可用来调试或移动激光器（图 4-25）。

图 4-24　光纤耦合器转接环和接头

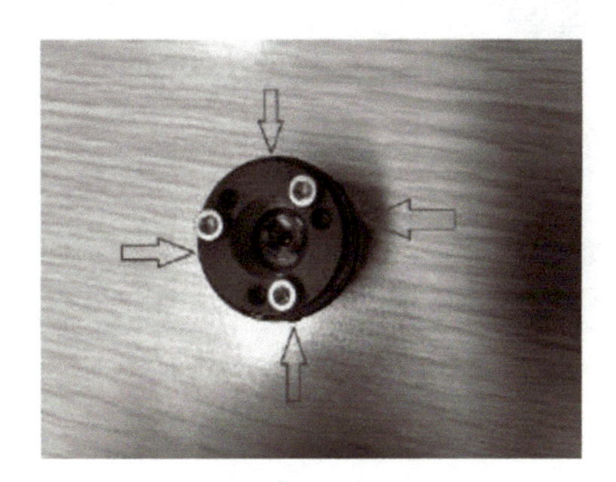

图 4-25　接头连接处的大六角螺钉

11. 卸下激光器光纤耦合器转接环上的接头，紧固激光器模块上的线缆。

12. 更换带有新线缆和新接头的激光器模块。

13. 将圆形光纤耦合器接头接到新接头，确保接头平整紧固。接头以及光纤线缆非常脆弱，紧固时不要用力过大，以免损坏这些部件（图 4-26）。

14. 将接头插入黑色调试接头时，确保接头平整。

15. 最后紧固顶丝前，用基因测序仪厂商的调试工具将激光靶校准（图 4-27）。

图 4-26 新接头连接

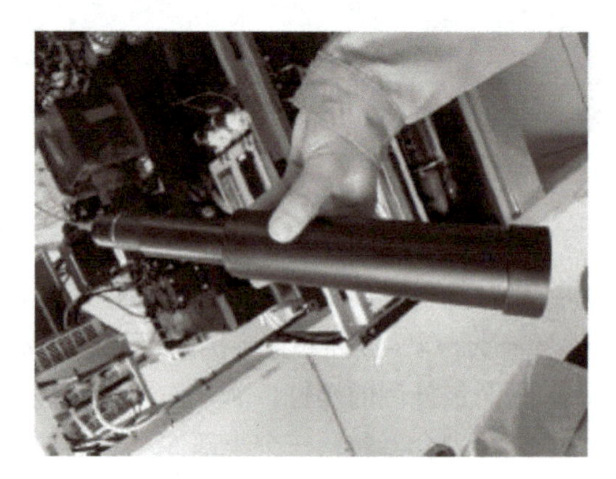

图 4-27 调试工具

16. 前后移动，校准激光通道，如图 4-28 所示。用厂商的激光器调试工具，验证调试正确性。

17. 用厂商的调试工具之前，先设置好激光器的对比度和清晰度，如图 4-29 所示。

图 4-28 校准激光通道

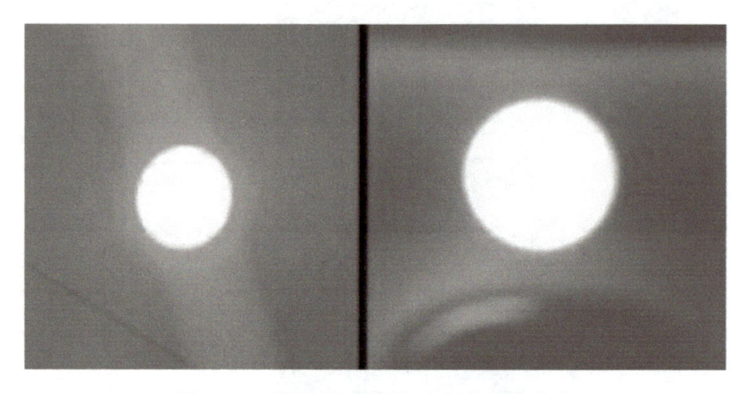

图 4-29 设置激光器的对比度和清晰度

4.1.2.3 更换后测试

激光器完成更换后，需要对新的激光器进行测试，测序步骤如下：

1. 将耦合器插入光学系统。
2. 用一个生物芯片进行拍照，确认图像中无暗角（图 4-30）。

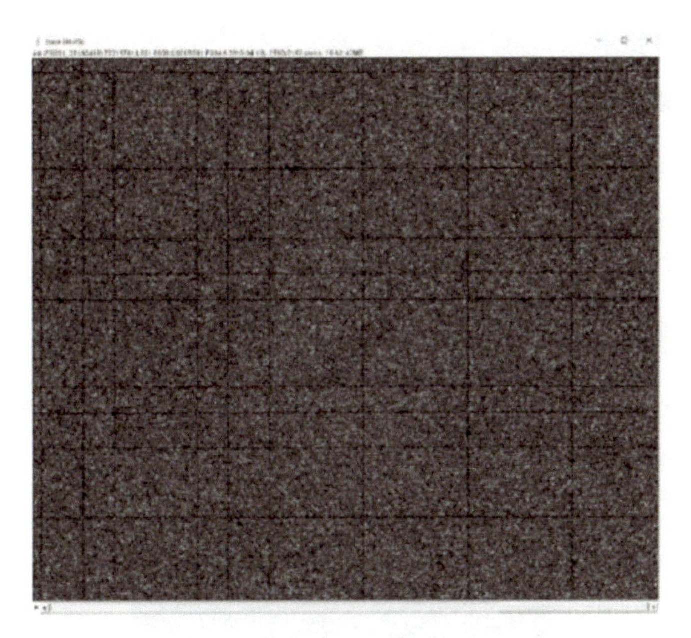

图 4-30　图像

4.2　液路模块

更换注射泵：

4.2.1　工具要求

在更换注射泵时，按图 4-31 准备工具。

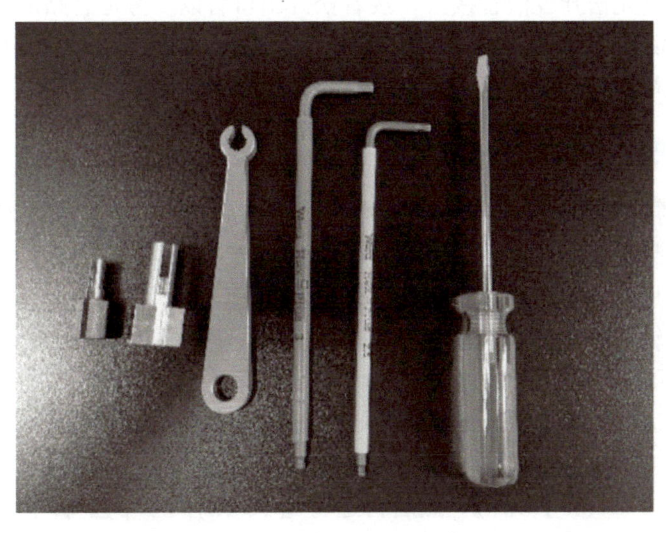

图 4-31　注射泵更换所需工具

4.2.2 材料要求

请按图 4-32 要求，准备注射泵更换时所需的材料。

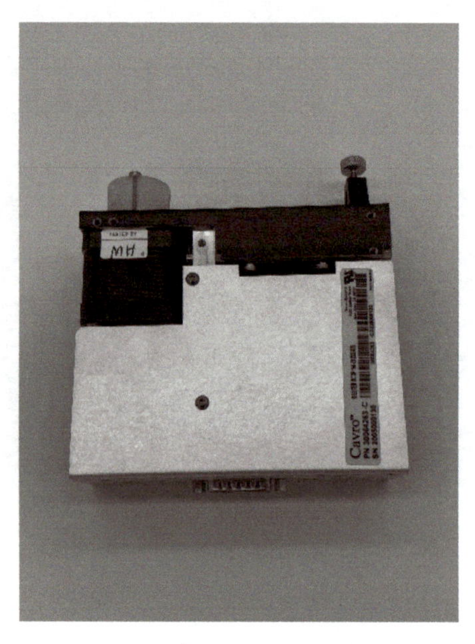

图 4-32 注射泵更换时所需的材料

4.2.3 更换步骤

1. 在进行注射泵更换前，请关掉基因测序仪。

2. 打开右后侧板和取下右侧板，可看到注射泵。

3. 用专用工具先松开废液管接头，接着松开出口管以及旁道管路的接头。

4. 用工具拆除固定螺丝，解除相关接线，必要时做好标记，更换新的注射泵时，需要注意拨码器应调整与旧件一致，连接相关接线，固定好螺丝。

4.2.4 更换后测试

在完成注射泵的更换后，需要对注射泵进行更换后测试，测试流程如下：

1. 启动基因测序仪。

2. 将一张芯片放在芯片载台上，将装有纯水的清洗试剂盒装入试剂仓。

3. 启动控制软件服务，观察注射泵的导向运动。若泵的导向运动无误，继续下面的操作。否则检查泵连接是否正常。

4. 打开脚本运行，选择【Needle Down】，使试剂针下降。

5. 运行【TestChip. py】脚本，观察芯片和注射器液路。

6. 再次运行【Needle Down】，然后再运行【TestBypass. py】脚本，观察旁道和注射器的液路。

7. 几个注射循环后，若第 5、6 步未发现气泡，则真空泵正常，可正常使用。

4.3　真空泵模块

更换真空泵：

4.3.1　工具要求

公制 L 形内六角扳手。

4.3.2　更换步骤

在进行真空泵更换前，请确保真空泵已关闭。更换步骤如下：

1. 打开右后侧板和卸下右侧板。
2. 取下如图 4-33 所示的三颗固定螺丝，可用镊子协助取下螺丝。

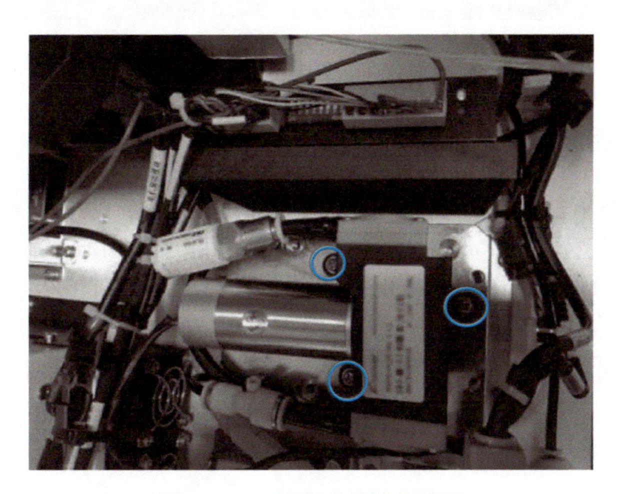

图 4-33　三颗固定螺丝的位置

3. 断开电源线及真空管，取出真空泵（图 4-34）。

图 4-34　取出真空泵

4. 卸下快速接头和消声器，并将它们安装到新泵的相同位置（图 4-35）。

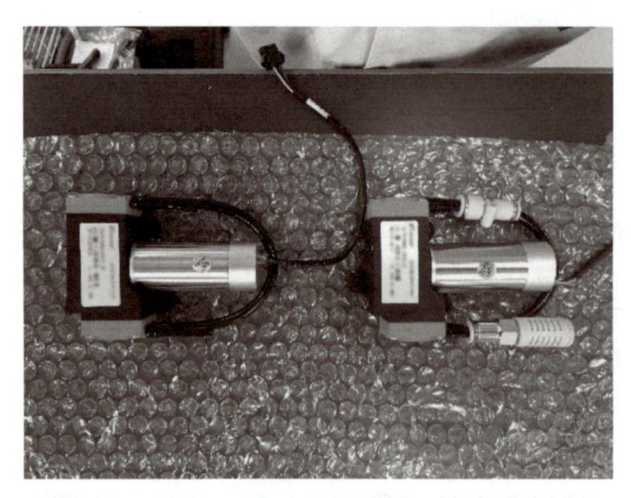

图 4-35　消声器

4.3.3　更换后测试

完成真空泵更换后，需要对新安装的真空泵进行测试，测试流程如下：

1. 在芯片载台上放置一张芯片，按下真空吸附按钮来吸附芯片。

2. 观察真空压力表，注意真空泵的噪声。若真空压力绝对值小于 80Pa，和（或）真空泵噪声过大，需更换真空泵。

3. 保持真空泵开启至少 30min，若芯片未弹起，则测试通过，将所有盖板重新装好。

4.4　自动对焦调试

4.4.1　工程师 UI 设置

1. 打开工程师 UI。

2. 进入【Config】→【Camera】页签，确认【Simulated Flag】是否已设置为【True】。

3. 勾选【Is Save To Local】，并点击【Apply and Save to config】（第三个按钮）保存设置。

4. 关闭并重启工程师 UI。

5. 选择【Stage】页签，点击【Init】启动 XY 平台和 AF 系统的初始化。

6. 将 XY 平台的移动速度设置为“10”，Z 轴移动速度设置为“1”，点击箭头按钮以确认平台是否在三个方向正常移动。

7. 佩戴合适的激光防护镜。进入【IO BOARD】页签，点击【Open Green】或【Open Red】以确认激光器是否能正常工作。

4.4.2　SPiiPlus 运动控制器设置

1. 打开 SPiiPlus 软件。

2. 在 SPiiPlus 左侧的导航栏，右键点击控制器名称（通常名称为“ecmxxx”）然后点击【Connect】以连接 ACS 控制器。

3. 在【Signal】页签的右下角，将数字改为“3”，将【CHI1-3】的变量值改为“AIN”。

4. 将 CHI1-3 的【Axis/Index】分别改为“0”“1”“2”。“AIN（0）”“AIN（1）”以及“AIN（2）”分别对应“DIF”“SUM”和“DIV”三种信号。

5. 切换到【Statistics】页签，点击【Start】，确认 LED 灯是否变绿。点击【Autofit】，使内容适应窗口。此时，观察三种信号是否持续变化。如需要，可调节示波器横轴尺寸，改变示波器取样频率。

4.4.3 查找焦面

4.4.3.1 使用工程芯片

1. 将一张工程芯片放到芯片载台上，按下芯片吸附按钮。
2. 手动移动 XY 平台，将有效区域置于物镜下。
3. 打开激光器，移动 Z 轴，观察相机软件中的动态图片，直到找到工程芯片的最佳聚焦位置。

4.4.3.2 使用生物芯片

1. 将一张生物芯片放到芯片载台上，按下芯片吸附按钮。
2. 手动移动 XY 平台，将有效区域置于物镜下。
3. 移动 Z 轴到焦点高度（在【Config】→【Scanner】页签可找到之前默认的 Z 轴高度）。
4. 在不使用 AF 条件下拍照，并检查图片。若看到网格线和光亮点（一般在最佳聚焦位置附近），停止移动，记录下当前 Z 轴的高度。

4.4.4 最大化 SUM 和最小化 DIFF

1. 将 VR1～VR3 逆时针旋转，当感到有阻力时停止（请缓慢操作，以防损坏螺丝槽，导致需更换整个模块），此操作可将 VR 值设“0”。

注意，操作时不要旋动 VR5（图 4-36）。

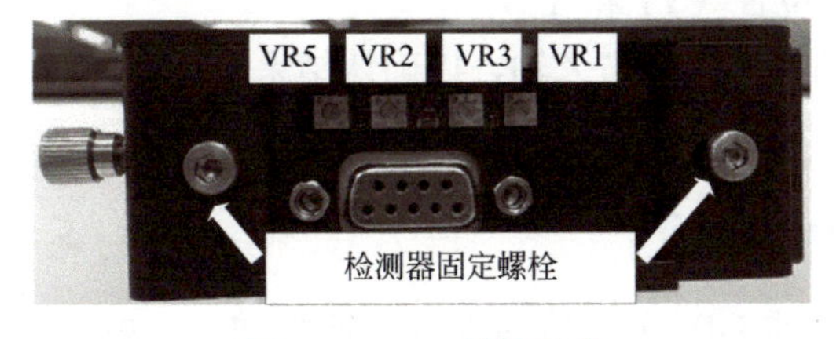

图 4-36　VR 结构示意

2. 松开检测器固定螺栓。

3. 调节三棱镜（用三棱镜调节螺栓，以及 2mm L 形内六角扳手），取得 SUM 最大值（可在【Statistics】页签查看此数据）。改变 SUM 值时，DIFF 值也将改变。

4. 取得 SUM（CH2）最大值（一般在 12～15 范围内）后，调节拇指螺栓，更改检测器，使 DIFF 值尽可能地接近 0（查看平均值）。更改后，SUM 值将略有变化。

5. 回到三棱镜调节螺栓，再次将其设为最大值，然后在 B 和 C 之间切换，将其分别设为最大值和 0。此操作需反复进行至少 5 次，直到调节后无明显变化。SUM 最大值和 DIFF 最小值未变更好（SUM 值继续变大，DIFF 继续变小），直到反复操作后，这些数据稳定，即代表该操作完成。

6. 调试完成后，务必缓慢地将检测器螺栓锁紧。锁定后检查 SUM 和 DIFF。若 SUM 和 DIFF 改变过大，必须重新进行调试。

4.4.5 放大 SUM 和 DIV 信号

4.4.5.1 放大 SUM 信号

1. 打开工程师 UI（保持软件始终打开）。首先，可通过查看工程师 UI 上的实时图片来确认系统在正确焦面上。

2. 确认 Z 轴移动速度已设为“1”。

3. 记录焦点的初始位置值，将焦点位置上移 200μm，然后再下移 200μm（共计移动 400μm），扫描一次，查看焦点附近的信号变化，其中红色代表 SUM 信号，黄色代表 DIFF，绿色代表 DIV/SNR。

4. 开始之前执行此操作，仅用于查看。

5. 将 Z 轴调到 200μm，回到焦点位置并保持稳定。调节 VR3（顺时针），将 SUM 值调到最大，且小于 98。

6. SUM 达到最大值后，回到焦点位置，上下移动 Z 轴以再次获取图表。

7. 重复此操作，直到焦点位置稳定，且 SUM 达到最大值。

4.4.5.2 消除 DIV 偏移

1. 调节 VR5，以调节 DIV 偏移。

2. 此操作的目的是调节 DIV 图表，使其范围（峰值和谷值）保持一致，范围中点是 0。

3. 移动 VR5 以调节绿色曲线，需使最大值和最小值有相同数据，但有不同标志。使图表在 Y 轴上处于中心位置（Y1 和 Y2）。

4. 在±200μm 范围内再次扫描 Z 轴，以确认结果。

5. 若峰值和谷值两者的差值小于 3，则 VR5 调试完成。

4.4.5.3 放大 DIV 信号

1. 放大 DIV 信号，使 DIV 的峰值和谷值接近饱和（±98）。根据 DIV 数值大小计算放大倍数，使振幅增大到±98。焦面值可通过相应的倍数放大，通过调节 VR1 可放大 DIV 信号。

2. 按图 4-37 画出曲线，确认 DIV 峰值是否接近±98。若未饱和，此数值可达到 100（由于信号放大，CH3 最大和最小差值可能略大于 0.5）。

3. A 为之前所述的放大倍数，DIV=A（DIFF/SUM）。可调节 VR1 接近但不达到饱和值，峰值仍然可见。

4. 卸下 AF 模块，操作步骤如下：

（1）断开 COMM 线。

（2）卸下固定 AF 模块的 2～4 颗螺栓。

5. 回顾数据时，找出 CHI1（DIFF）平均值=0。

曲线图如图 4-37 所示。

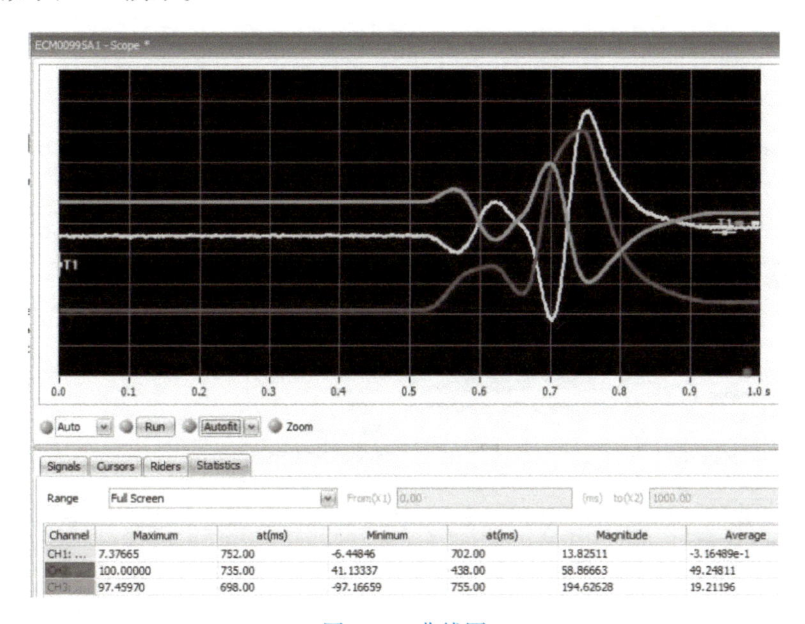

图 4-37　曲线图

4.4.6　计算并保存参数

1. 返回焦面，确认图片是否最清晰。读取当前 DIV 值，选择示波器上 DIV 的平均值，并将其写入目标值（Target Value），【AFC control】→【Target（Homemade）】。

2. 进入焦面，查看 DIV 最大值和最小值，其中（$DIV_{max}-DIV_{min}$）/2 为死区值（Deadband）。

3. 将 Z 轴移到焦面以上 45μm，记录此位置的 SUM 值，并记为 SUM1。再将 Z 轴移到焦面以下，记录此位置的 SUM 值，并记为 SUM2。比较 SUM1 和 SUM2 的大小，其中值小者为 MinVoltage。

4. 将 TargetValue、Deadband 和 MinVoltage 数值分别写入远程配置。

4.5　Windows 本地组策略编辑器设置

4.5.1　修改密码最长使用期限

1. 按【Windows 键+R】，输入“gpedit. msc”，打开【本地组策略编辑器】（图 4-38

和图 4-39）。

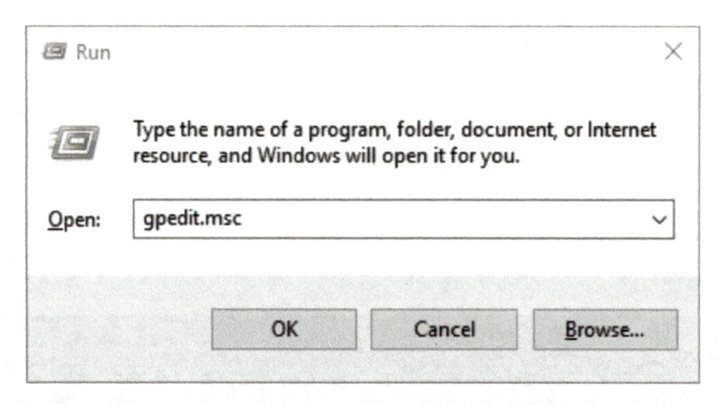

图 4-38 【本地组策略编辑器】打开方式

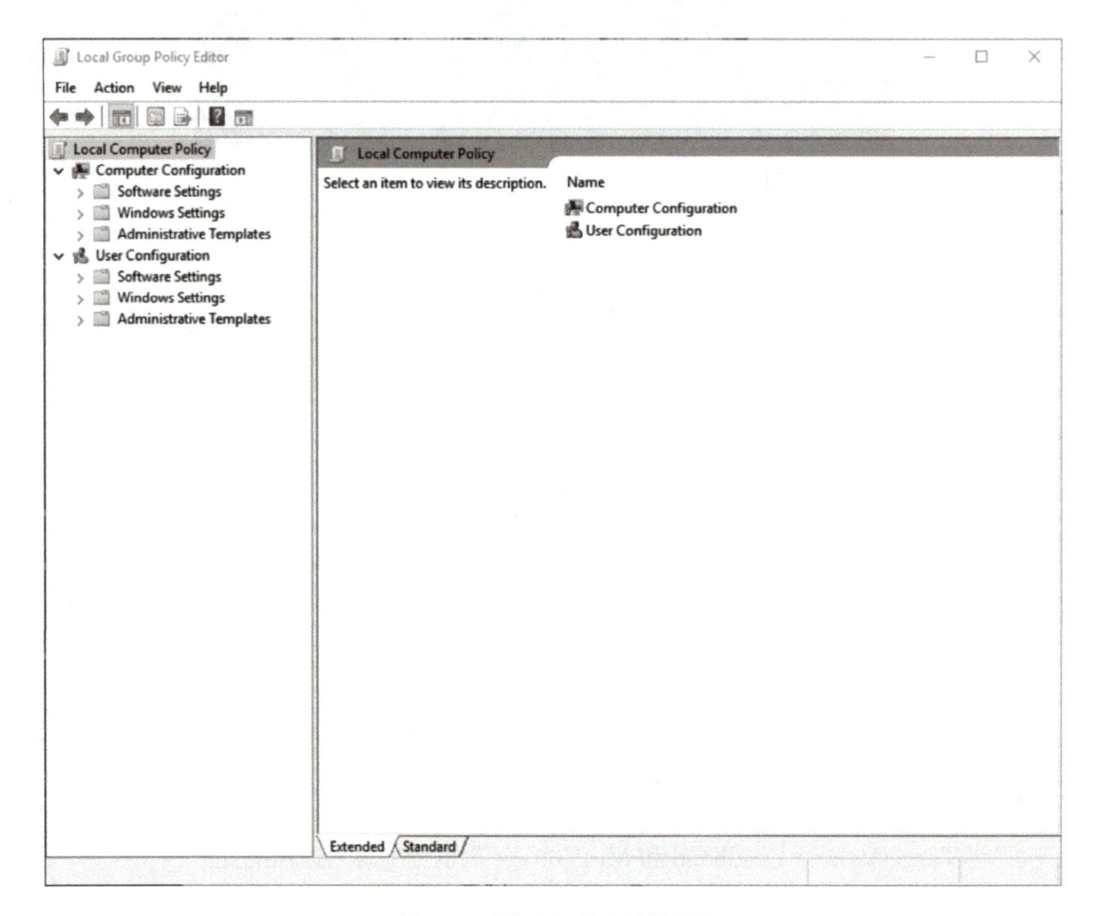

图 4-39 【本地组策略编辑器】

2. 打开【计算机配置】→【Windows 设置】→【安全设置】→【账户策略】→【密码策略】（图 4-40）。

3. 双击【密码最长使用期限】进入编辑，将值改为“0”（图 4-41）。

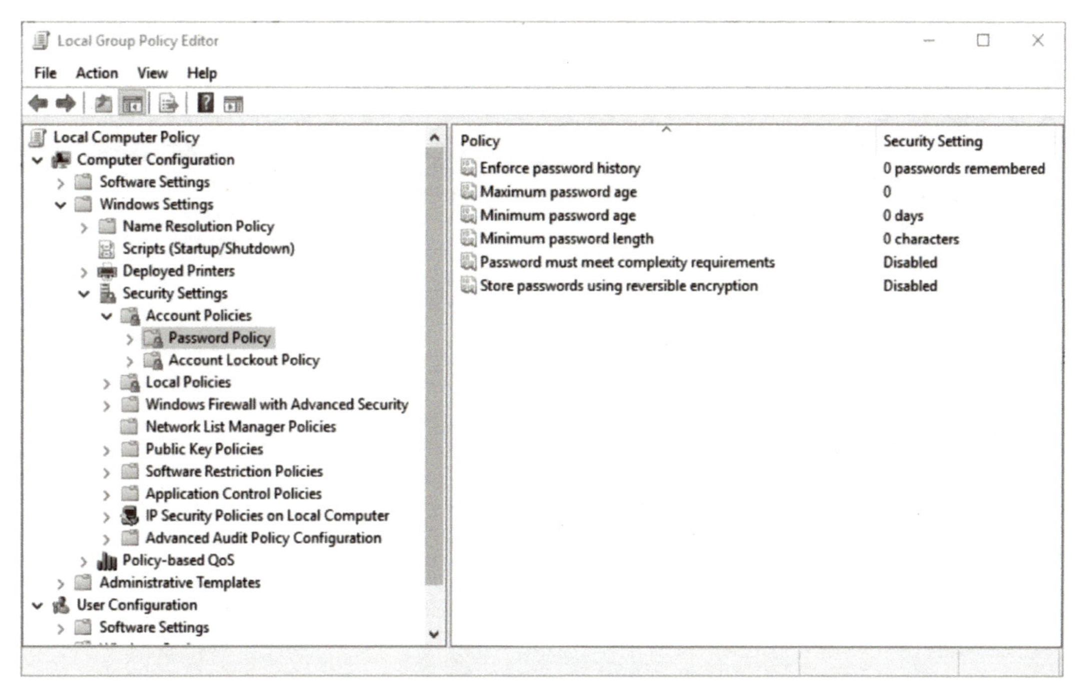

图 4-40　【密码策略】界面

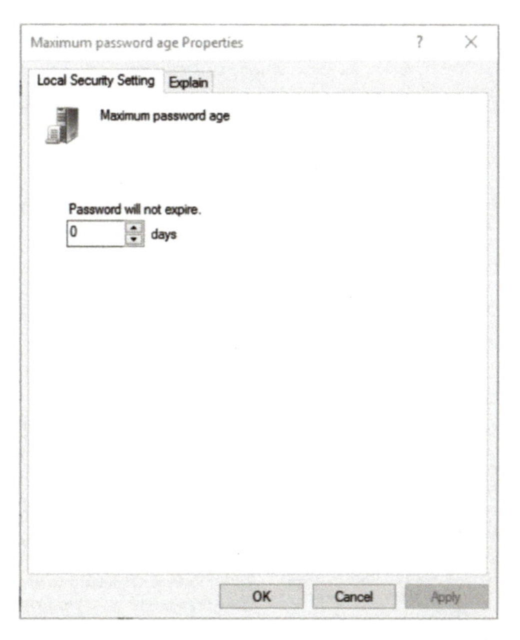

图 4-41　【密码最长使用期限】设置

4.5.2　禁用 Windows 防火墙

1. 打开【计算机配置】→【管理模板】→【Windows 组件】→【Windows Defender】（图 4-42 和图 4-43）。

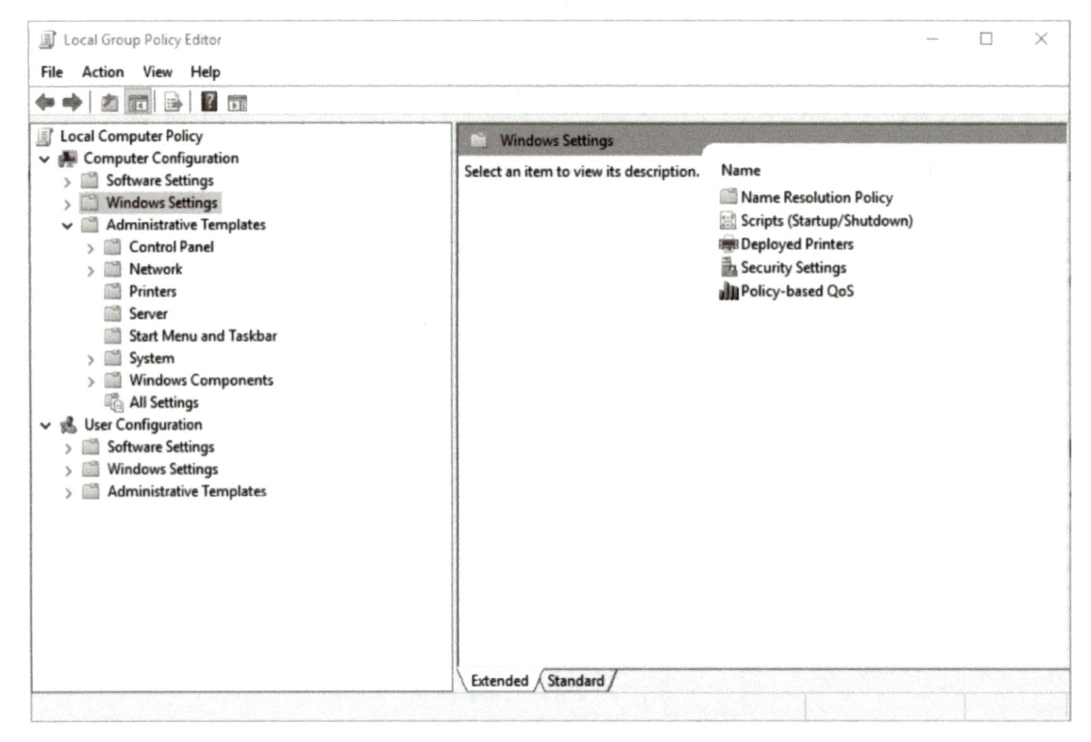

图 4-42　打开防火墙方式

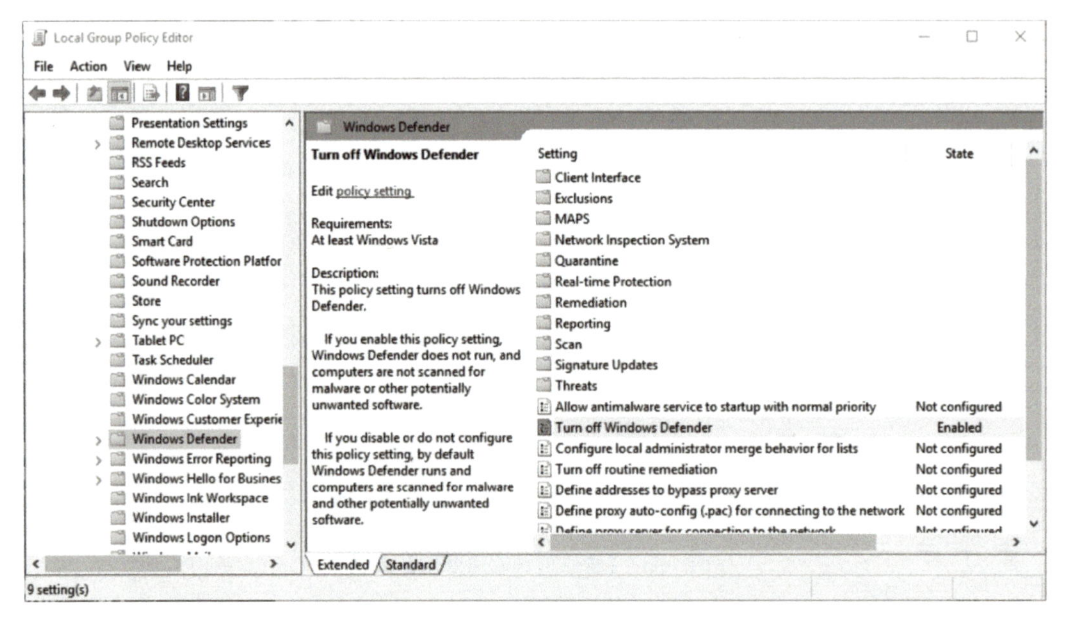

图 4-43　防火墙界面

2. 双击【Turn off Windows Defender】进入编辑。将状态改为【Enabled】，点击【OK】，并保存设置（图 4-44）。

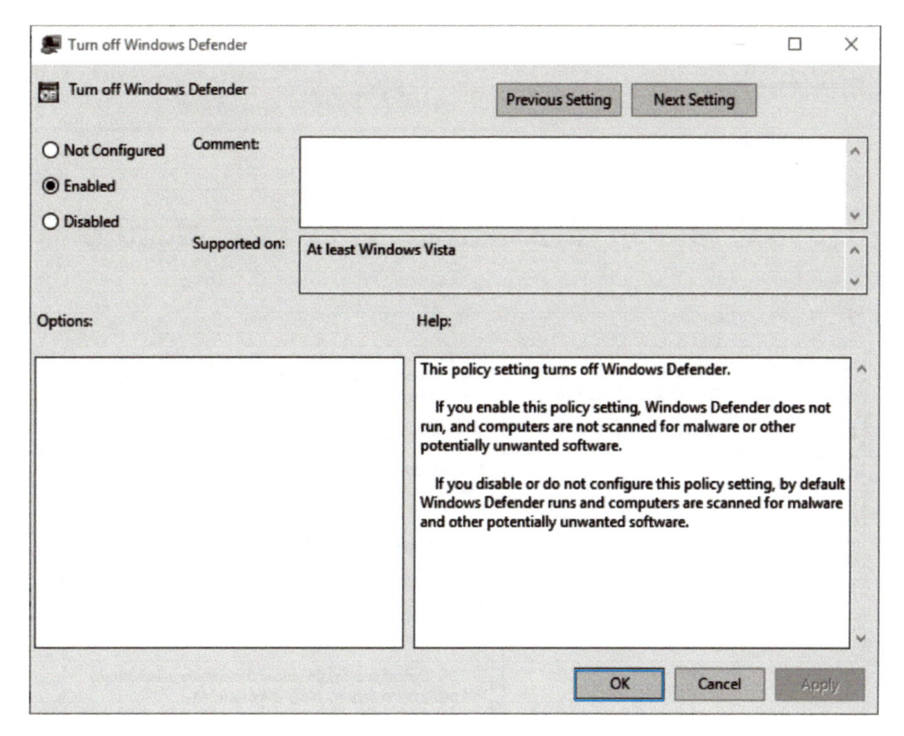

图 4-44　防火墙状态更改

4.5.3　禁用 Windows 更新

1. 打开【计算机配置】→【管理模板】→【Windows 组件】→【Windows 更新】（图 4-45）。

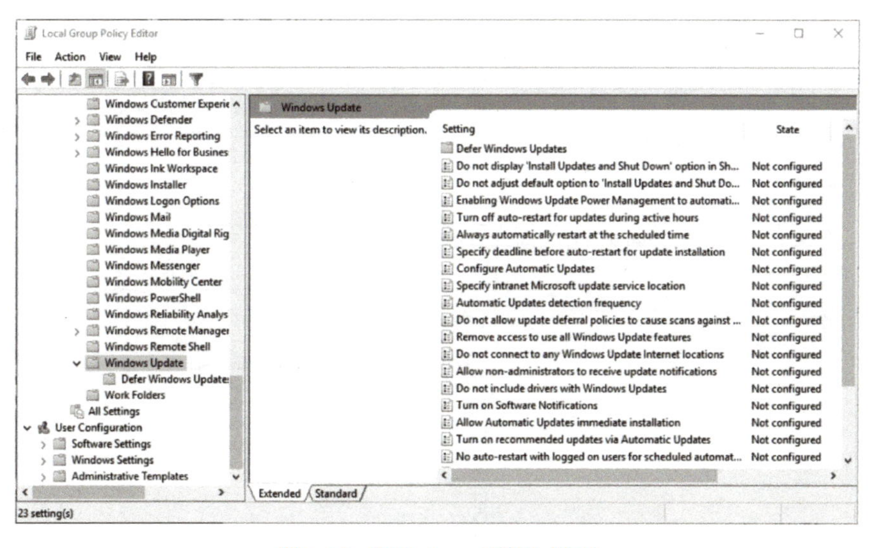

图 4-45　【Windows 更新】界面

2. 双击【配置自动更新】，将状态改为【Disabled】，点击【OK】，并保存设置（图 4-46）。

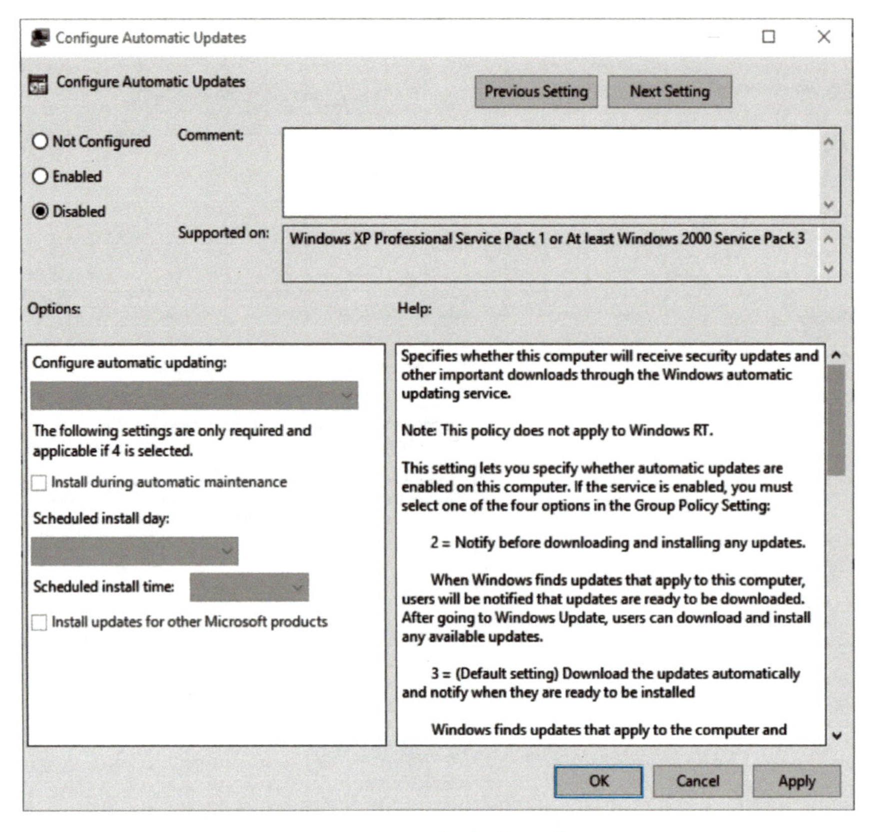

图 4-46 【配置自动更新】禁用

3. 双击【Windows 更新不包括驱动程序】，将状态改为【Enabled】，点击【OK】，并保存设置（图 4-47）。

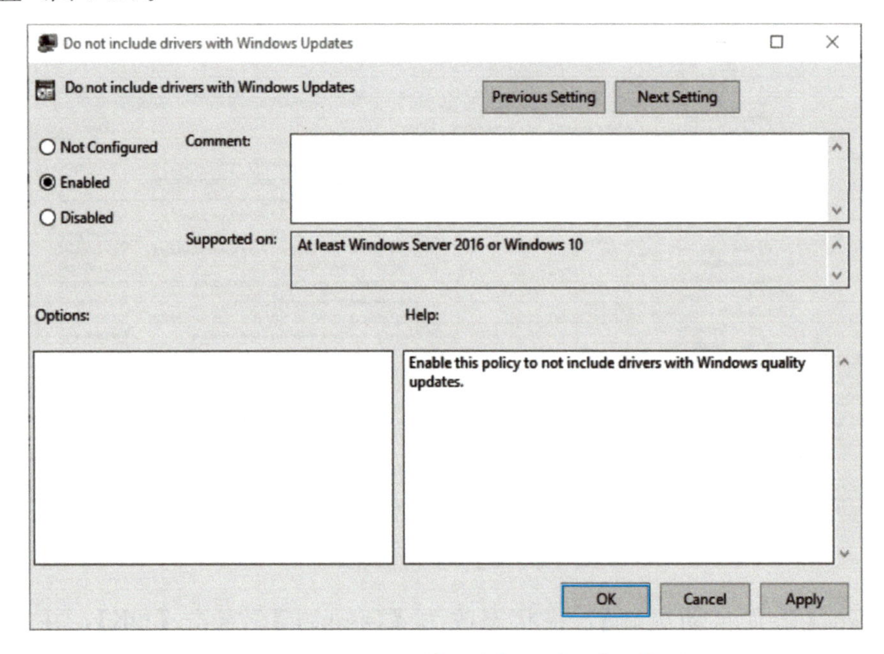

图 4-47 【Windows 更新不包括驱动程序】启用

4. 双击【启用软件通知】，将状态改为【Disabled】，点击【OK】，并保存设置（图 4-48）。

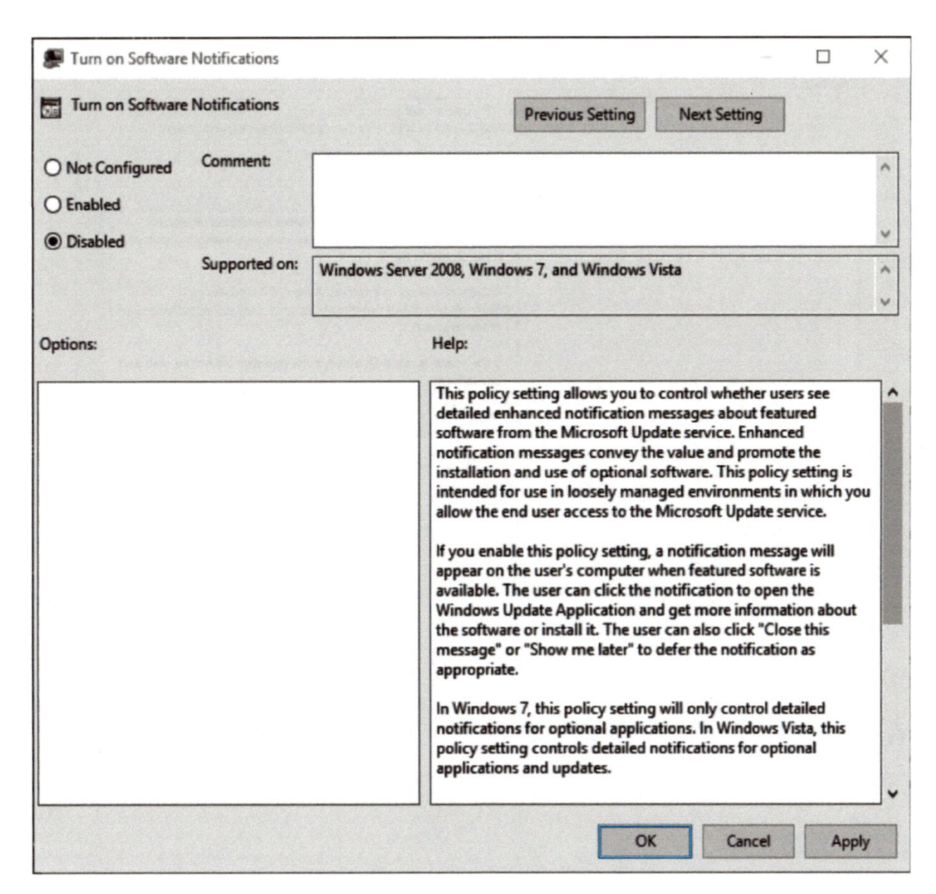

图 4-48　【启用软件通知】禁用

5. 双击【允许自动更新立即安装】，将状态改为【Disabled】，点击【OK】，并保存设置（图 4-49）。

4.5.4　启动设置

4.5.4.1　禁用 Microsoft OneDrive

1. 打开任务管理器。
2. 选择【Microsoft OneDrive】，点击鼠标右键选择【Disabled】。

4.5.4.2　启用 ACS Motion User Mode Service

选择【InstallShield】，点击鼠标右键选择【Enabled】。

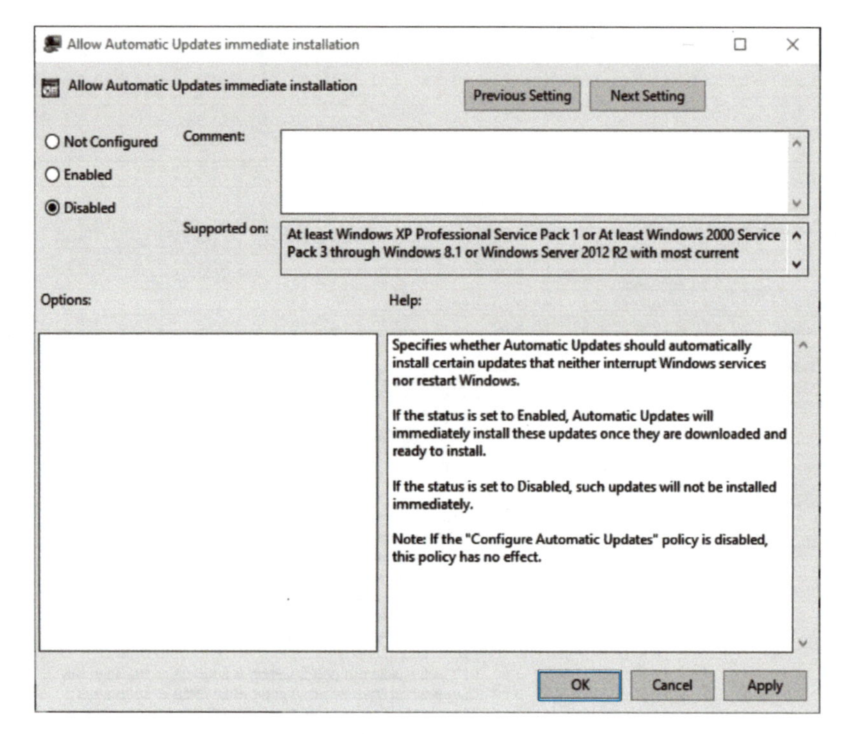

图 4-49 【允许自动更新立即安装】禁用

4.6 流体及负压系统维护

4.6.1 管路更换

1. 更换 DNB 一体针。
2. 更换旋转阀——进液块管路。
3. 更换进液块——液路电磁阀管路。
4. 更换出液块——液路电磁阀管路。

4.6.2 密封圈更换

更换所有密封圈，更换密封圈时，请注意检查分液块，确保无裂纹（图 4-50）。

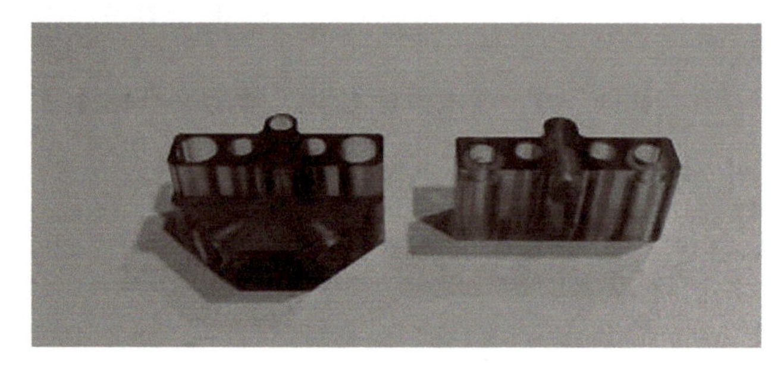

图 4-50 分液块

4.6.3　注射器更换

1. 打开右后侧板和右侧板，即可接触到注射泵。
2. 打开工程师 UI 并初始化试剂针模块、旋转阀和注射泵。
3. 按如图 4-51 所示设定，关键在于吸液排液速度均设置为“50”。

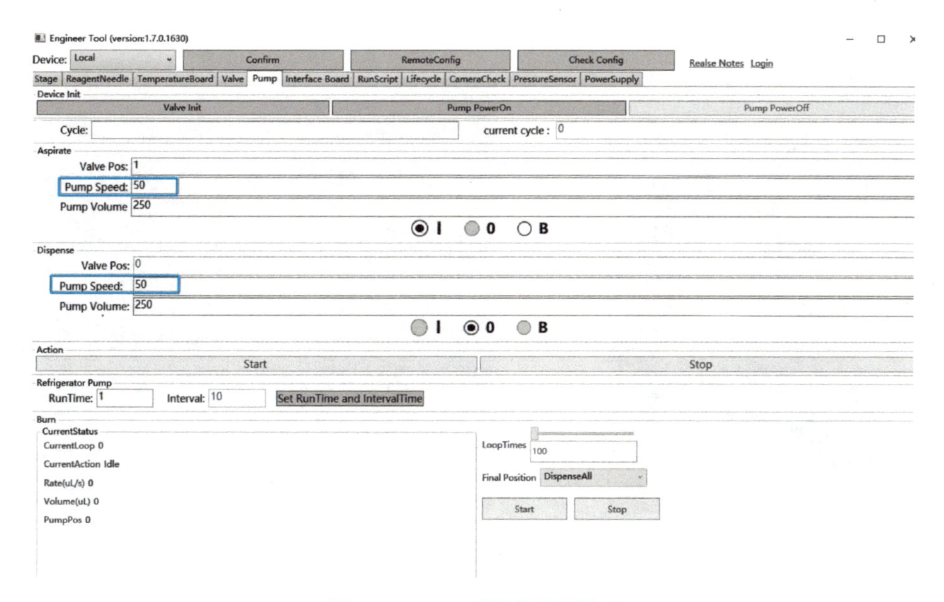

图 4-51　Cycle 测试设置界面

4. 点击开始使注射器运动，当注射器被拉下时，用手取下固定螺栓（图 4-52）。
5. 在注射器下面放些纸巾，用手沿活塞杆从电磁阀上取下注射器（图 4-53）。

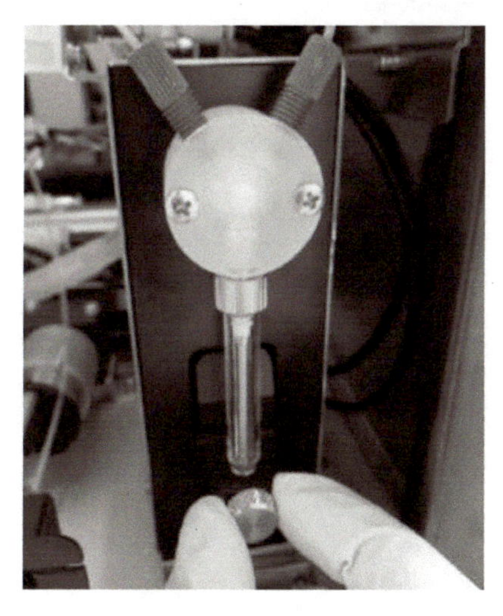

图 4-52　取下螺栓

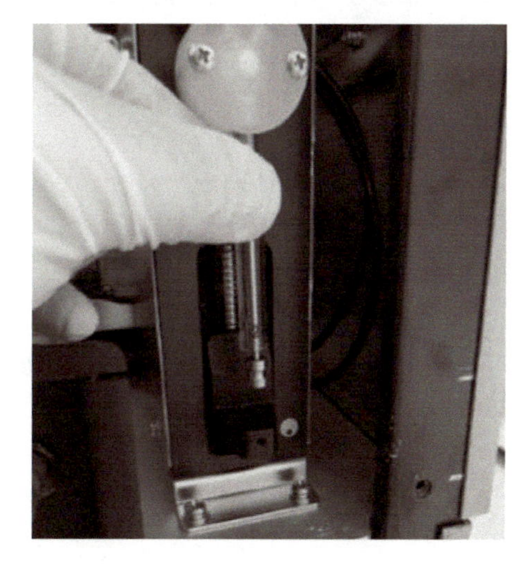

图 4-53　取下注射器

6. 按照拆卸步骤反向安装新注射器。

请注意，注射器安装时，只能用手拧紧，不要使用流体扳手拧紧。

7. 当抽液延迟时间结束时，注射器向上移动到顶部。

4.6.4 旋转阀检查

1. 通过深度清洗，将所有管道充满去离子水。
2. 如图 4-54 所示连接注射器和旋转阀。连接注射器的管对应旋转阀最中间的孔位。
3. 向下移动试剂针（图 4-55）。

图 4-54 注射器与旋转阀连接

图 4-55 试剂针向下移动

4. EUI 中，将旋转阀位置改为“1”。快速推动注射器，将空气压进旋转阀（图 4-56）。

Engineer Tool (version:1.7.0.1630)

Device: Local | Confirm | RemoteConfig | Check Config | Realse Notes | Login

Stage | ReagentNeedle | TemperatureBoard | Valve | Pump | Interface Board | RunScript | Lifecycle | CameraCheck | PressureSensor | PowerSupply

Init | Pos: 1

Home | GotoPos | GetPos

图 4-56 流体设置相关参数

5. 观察试剂针的末端，确保只有 1 号试剂针有水滴。如果其他试剂针同时出水，说明旋转阀串液，则需更换旋转阀。

6. 按照相同的方法，测试所有位置（1～19）。如果任何位置测试不合格，则都需更换旋转阀。需要注意的是，当测试 19 位置时，需在 DNB 管的位置放置离心管。

7. 完成所有管道测试后，复原所有管路连接。

习题

一、单选题

1. 更换激光后，激光耦合的正确操作是（　　）。

A. 将激光功率电压设定为 3.3V

B. 通过防护眼镜观察准直筒另一端被照亮的目标值

C. 佩戴 640～680nm 波段的防护眼镜

D. 更换带有新线缆和新接头的激光器模块

2. 以下关于本地组策略编辑器设置的相关描述，不正确的是（　　）。

A. 按【Windows 键＋R】，输入“gpedit. msc”，即可打开【本地组策略编辑器】

B. Windows 防火墙应禁用

C. 驱动程序更新应启用

D. 软件通知应启用

二、填空题

1. 更换密封垫时，请注意检查________，要确保其无裂纹。

2. 更换负压泵时，从负压组件上拆下负压泵，需从旧泵中取出________和________，并将其安装到新泵上的相应位置。

三、简答题

1. 描述 MGISEQ-200 更换激光器的步骤和注意事项。

2. 描述 MGISEQ-200 如何对 SPiiPlus 运动控制器进行设置。

第5章 常见故障及处理

教学目标

1. 熟悉常见故障代码及释义。
2. 熟悉故障信息的查看方式及相应故障的处理方式。

在仪器使用过程中，如出现故障，仪器将发出警报，或在界面弹出提示信息。操作者可按提示进行故障的初级排查和处理。如出现其他不能解决的故障，可联系已授权且培训合格的技术支持进行处理。

5.1 常见故障及处理

5.1.1 故障代码的查看

可通过查看日志的方式，查看故障信息。“Config”文件包含目录，可以根据实际需要，故障排除前收集并分析故障“Log”“Config”以及运行信息文件，综合分析解决故障。

常见故障代码详见“附录6”。

5.1.2 一般故障处理

测序仪安装和使用过程中一般故障和处理方法见表5-1。

测序仪安装和使用过程中一般故障及处理方法　　表5-1

故障现象	故障原因	处理方法
将电源开关拨至仪器开关键的位置后，仪器无法正常开机	1. 可能未连接电源。 2. 电源保险丝可能熔断	1. 查看是否连接电源。 2. 查看电源保险丝是否熔断

续表

故障现象	故障原因	处理方法
运行软件时报错	1. 参数设置出错。 2. 对应的软硬件协同出错	1. 在维护界面执行自检程序，查看未通过自检的硬件模块信息以进一步处理。 2. 在日志中查看具体的错误信息并根据提示进行处理。 3. 重启仪器
芯片不能被吸附至芯片平台	1. 可能未按下芯片吸附按钮。 2. 芯片平台上可能有杂质或异物	1. 查看是否按下芯片吸附按钮。 2. 查看芯片平台是否有杂质或异物。如有异物，请按照“芯片平台维护”中的描述进行清洁
界面提示试剂针初始化失败或操作超时	1. 试剂仓仓门未关闭。 2. 联锁开关或控制器损坏	关闭试剂仓，再进行自检
测序界面显示温度异常并报警	1. 芯片温度超出预设标准。 2. 温度传感器出错	记录报警信息以及该次测序的日志
在清洗的过程中，废液仓的排液管出现较多气泡	1. 试剂针可能松动。 2. 试剂盒内试剂的量不足	1. 进行一次常规清洗，再查看气泡是否存在。 2. 查看试剂针是否松动、掉落。 3. 查看试剂盒内实际的体积是否达标
测序结束后，芯片内部出现气泡	1. 芯片可能未正确安装。 2. 芯片与芯片平台接触不牢固。 3. 管路的气密性不佳。 4. 试剂盒内存在气泡	1. 安装清洗芯片并执行清洗程序，观察是否有成串的气泡流经芯片。 2. 重新安装密封垫或更换密封垫，然后进行一次深度清洗，确认液路功能是否正常
液位传感器报警	1. 芯片漏气。 2. 试剂针可能松动	1. 检查芯片表面玻璃是否裂开。如已损坏，更换芯片，并清洁芯片表面后放置在芯片平台上。 2. 进行一次常规清洗，查看芯片内有无残余液体
清洗结束后，芯片内残留大量液体	1. 芯片漏气。 2. 试剂针可能松动	1. 检查芯片表面玻璃是否裂开。如已损坏，更换芯片，并清洁芯片表面后放置在芯片平台上。 2. 进行一次常规清洗，查看芯片内有无残余液体

5.1.3　光学故障处理

光学故障及处理方法见表5-2。

光学故障及处理方法　表5-2

故障现象	故障原因	处理方法
平台电机异响	XY平台故障	调试参数；仍不能正常工作则更换XY平台，然后进行下列调试：平台限位设置、平台水平测试、焦面测试、起始位设置、1×1拍照测试

续表

故障现象	故障原因	处理方法
XY平台及AF无法连接	线缆接触不良	在断电情况下，重新拔插、紧固
	控制器异常	检修控制器
	网卡被禁用或IP被篡改	开启网卡，将与控制器通信的网卡设置与控制器IP同一网段
拍照虚焦	芯片信号不好	用信号良好芯片测试
	对焦焦面不在最好的位置	重新调整焦面，调节对焦参数
载片的某些边角不清晰	芯片平台不平	进行工程软件的Adjust操作查看平台水平曲线，查看芯片水平偏差程度，作为调平参考。若芯片平台水平超出0.4μm的限制，需进行调平，调好后锁紧螺栓
	物镜不良	更换物镜
照片的固定位置有异物影	物镜上有异物	旋转物镜，进行拍照检测，排查是否是物镜受污染所导致，若是，清洁或更换物镜
	激光器的耦合器上有异物	将激光器的耦合器旋转，进行拍照检测，排查是否是激光器耦合器受污染所导致，若是，清洁耦合器
	相机故障	更换相机
起始位寻找失败	芯片中无DNB	重新制作DNB，再开始试验
	起始位设置有误	重设起始位
XY滑台掉电	线材拉扯	重新整理线材

5.1.4 温控故障处理

温控故障及处理方法见表5-3。

温控故障及处理方法　　表5-3

故障现象	故障原因	处理方法
温度异常，温度偏差过大（大于±0.5℃）	制冷液是否泄漏	检查制冷液流路的每个部件以及管道连接处，如发现泄漏，进行加固或更换配件，如有需要，添加制冷液
	温度参数有误	重新校准温度
温控异常，升降温异常	TEC供电异常	检查接线，若接线良好，需更换温控板，然后进行温度校准
	TEC故障	更换芯片平台，然后进行流体测试、温度校准、平台调平、调焦

续表

故障现象	故障原因	处理方法
温控异常，降温异常	制冷循环泵不工作	检查循环泵供电是否正常，若排除供电异常，则可能是循环泵故障，需更换该配件
	制冷风扇不工作	检查制冷风扇供电是否正常。若供电正常，则可能是制冷风扇故障，需更换该配件，然后进行温度校准
	制冷液泄漏	检查制冷液流路的每个部件以及管道连接处，如发现泄漏，进行加固或更换配件，如有需要，添加制冷液

5.1.5　流体故障处理

流体故障及处理方法见表5-4。

流体故障及处理方法　　表5-4

故障现象	故障原因	处理方法
单条管道泵液异常	管道漏气或堵塞	1. 检查该条管道从旋转阀至试剂针这段流道。 2. 进行管道接口处拧紧加固操作，进行bypass泵水测试。 3. 若故障未排除，进行分段排查，确认是管道问题，还是试剂针部分漏气或堵塞
多条管道泵液异常，气泡多	芯片堵塞	更换芯片
	管道漏气或堵塞	更换密封垫，进行管道接口处拧紧加固操作
	注射泵故障	更换注射泵
芯片吸附负压过低	芯片或平台表面不干净	清洁芯片和平台
	管道接口处气密性差	进行管道接口处拧紧加固操作
	负压泵工作不良	更换负压泵

5.1.6　电子故障处理

电子故障及处理方法见表5-5。

电子故障及处理方法　　表5-5

故障现象	故障原因	处理方案
开机显示屏不亮	显示屏故障	更换显示屏
	接线接触不良	接线拔插操作
开机后无法进入Windows系统，屏幕无显示	SBC开关电源故障	更换SBC开关电源
	SBC主板故障	更换SBC主板
拷贝文件经常卡死	接线接触不良	接线拔插操作或更换接线
	硬盘故障	更换硬盘

5.2 实际案例

以下案例均以 MGISEQ-200 为例。

5.2.1 案例一

1. 故障现象

平台初始化失败，进 ACS 连接后 Y 轴掉电，报错如图 5-1 所示。

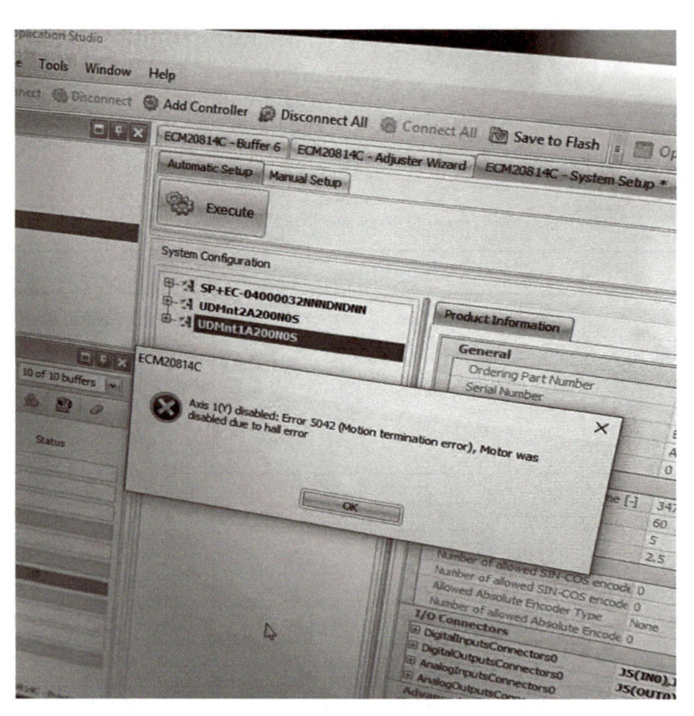

图 5-1 报错 Error 5042

2. 故障排查及处理

（1）拔插控制板和驱动板连接线。无法确认哪个接头松动时，对连接线全部拔插尝试（图 5-2）。

（2）若拔插无效，可能是 hall 传感器的某根线断了，则需准备一整套线（XY 滑台整套的反馈线）。

3. 故障总结

如图 5-1 所示报错 Error 5042 多由线路通信引起，传感器和滑台一般不易损坏，接线松动可能是运输导致。

图 5-2 拔插控制板和驱动板连接线

5.2.2 案例二

1. 故障现象

仪器 SBC 系统更新后，PUI 初始化报错 E6-N1-1，检查驱动器和电机供电正常（图 5-3）。

图 5-3　报错 E6-N1-1 界面

2. 故障排查及处理

（1）去设备管理器检查端口驱动情况，发现端口驱动异常，图 5-4 为正常驱动与异常驱动对比（左为正常）。

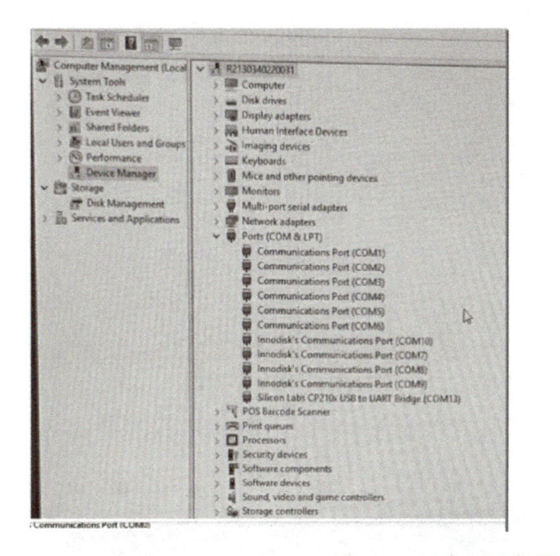

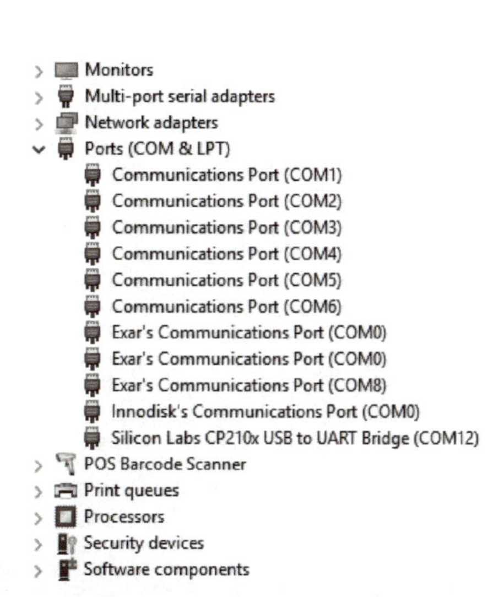

图 5-4　正常驱动与异常驱动对比（左为正常）

（2）右键点击如图 5-5 所示四个端口，选择卸载驱动。

（3）重装驱动“Innodisk _ Installer _ Adj _ Win10 _ _ _ 4916270”，选择【win _ 10 _ x64】，双击安装。

（4）手动修改端口，右键点击端口选择【Properties】，点击【Port Settings】，点击【Advanced...】，下拉选项中选择【com7】，点击【OK】保存，依次设置 COM7～COM10（图 5-6 和图 5-7）。

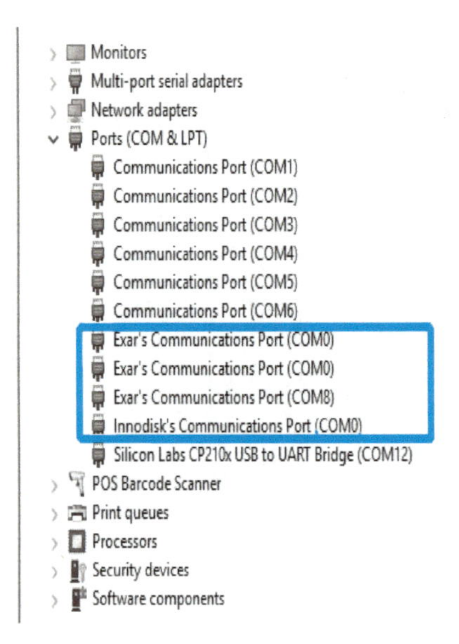

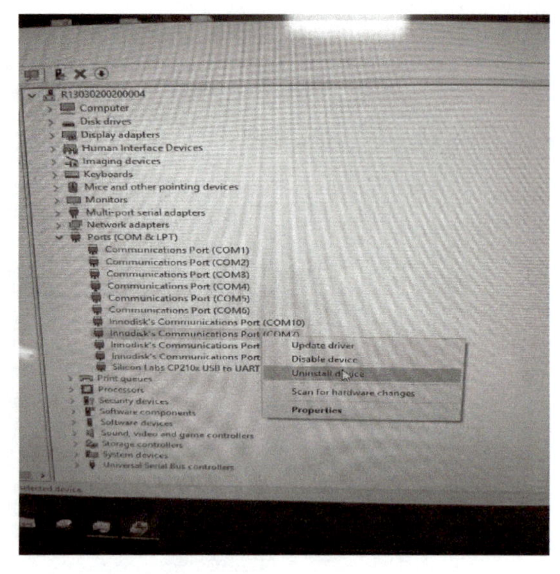

图 5-5 卸载四个端口驱动

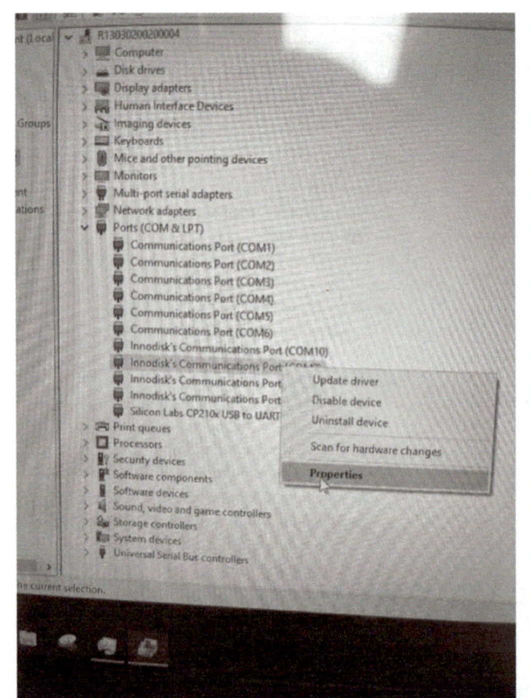

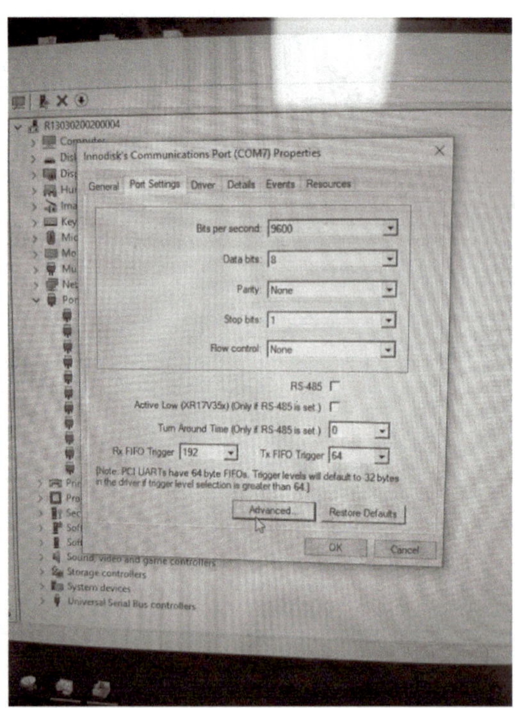

图 5-6 手动修改端口步骤

3. 故障总结

本故障是由于系统更新改变了试剂针驱动，所以我们需完全禁用 windows 的系统更新且重装驱动。

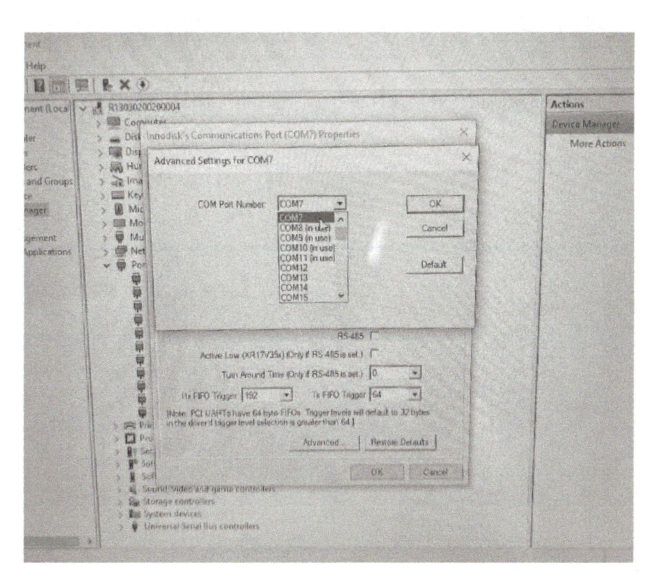

图 5-7 设置 COM7～COM10

5.2.3 案例三

1. 故障现象

无线网卡插入 SBC 后无法识别。

2. 故障排除及处理方法

（1）右键点击桌面【此电脑】→【管理】→【服务和应用程序】。

（2）找到【RT2870】或【WiFi Autoinstall Service】，点击右键，选择属性，将服务状态改为【停止】，然后点击【确定】。

（3）将网卡拔掉重新插上，打开桌面的此电脑，查看是否有带 TPlink 的 CD 驱动器。双击打开，双击运行【Setup】文件，即可解决。

5.2.4 案例四

1. 故障现象

仪器初始化正常，但 Z 轴 run buffer 时，会直接向下走，直到触发硬限位后掉电，Z 轴光栅尺的灯显示为黄色。

2. 故障排除及处理

（1）确认 Z 轴是否能正常检测到 index 位置，在 Z 轴断电的情况下，手动缓慢移动 Z 轴，查看【Verification：Feedback：Load Feedback】是否有信号反馈（图 5-8）。在正常情况下，会得到一个索引位。如果未得到索引位，说明编码器的位置已经发生倾斜。

（2）如无值反馈，则按以下步骤对读数头进行初始化：

1）将 Z 轴 encode 按 3s 对其进行复位，随后关闭仪器断电。

2）重新启动仪器，查看编码器两个指示灯的颜色（上面是黄绿，下面是黄色），按动读数头上面的按钮一次，则上面的指示灯变为绿色，下面指示灯变为黄色并闪烁，此为仪

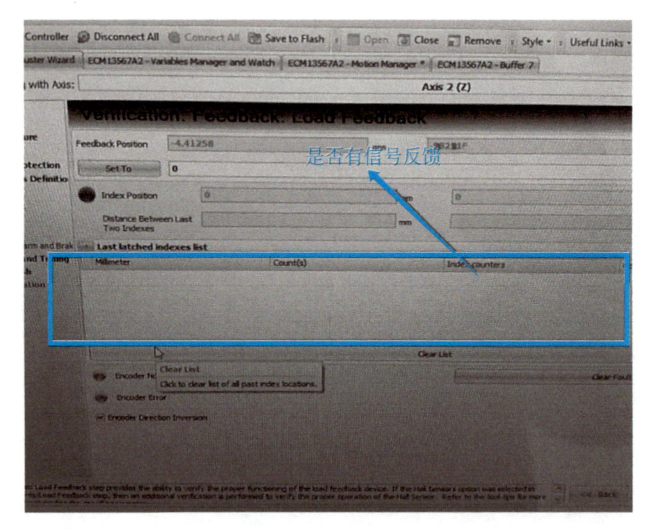

图 5-8 反馈界面

器最佳状态。如果两个指示灯显示为其他颜色，则表示信号弱，可以执行以下步骤，最后信号灯可以通过修改【home offset】的值来找到绿黄的最佳状态（图 5-9）。

3）手动移动 Z 轴，直到找到一个位置，使得编码器的 3 个灯都不闪烁，再次按读数头上的按钮 3s 对其进行复位，则初始化和 run buffer 均正常。如果在实际操作过程中还不正常，建议将读数头多次初始化直至正常。

4）按照（1）的方法，重新查看是否已找到 index 位，如 index 检测正常，则能看到反馈信号（图 5-10）。

图 5-9 编码器指示灯

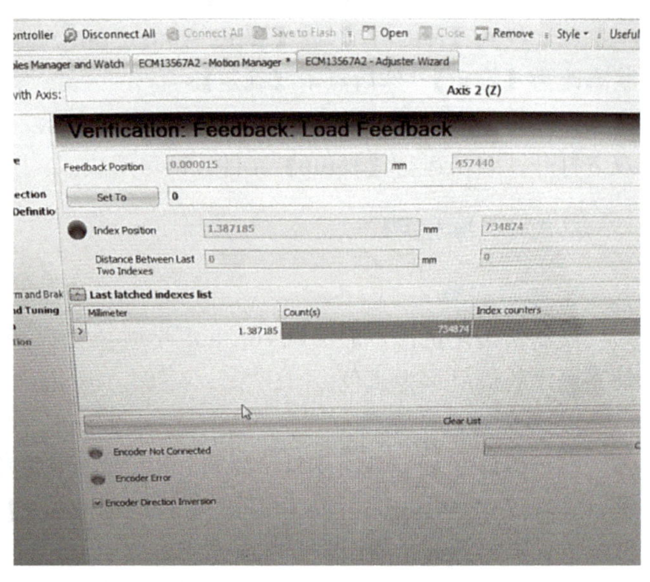

图 5-10 index 检测正常后的反馈信号界面

（3）此时编码器的指示灯上边显示红色，下边显示黄色，调整 Z 轴 buffer7 中的【home offset】，由原来的“−0.9”调整到“−0.7”，完成设置，故障解除。

3. 故障总结

本案例可能由于运输过程中导致 Z 轴编码器位置发生轻微的偏移，从而导致无法检测到 index 位，此时需要重新复位读数头，重新找到 index 位。

习题

一、单选题

1. 将电源开关拨至仪器开关键的位置后，仪器无法正常开机，可能的原因是（　　）。

A. 电源保险丝可能熔断　　B. 试剂仓仓门未关闭

C. TEC 供电异常　　D. 起始位设置有误

2. 以下哪项不是出现芯片吸附负压过低故障的原因（　　）。

A. 芯片或平台表面不干净　　B. 管道堵塞

C. 负压泵工作不良　　D. 管道接口处气密性差

二、多选题

1. 关于开机后无法进入 Windows 系统，屏幕无显示的情况，以下描述正确的是（　　）。

A. SBC 开关电源故障　　B. SBC 主板故障

C. 硬盘故障　　D. 接线接触不良

2. 基因测序仪操作界面提示试剂针初始化失败或操作超时，可能的原因是（　　）。

A. 试剂针可能松动　　B. 联锁开关或控制器损坏

C. 芯片平台上可能有杂质或异物　　D. 试剂仓仓门未关闭

三、简答题

新装机 QC RUN 数据合格，但是部分 cycle 出现 Q30 陡降情况，可能的故障原因是什么？应该怎么处理？

附录

附录 1 气液原理图（附图 1）

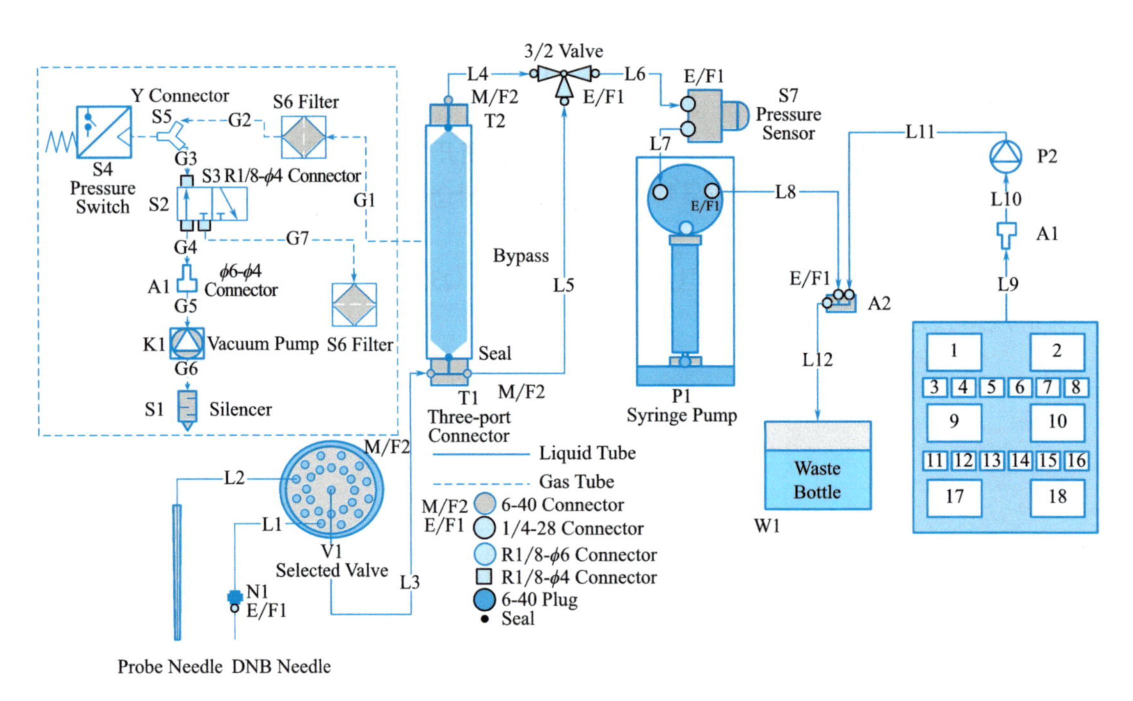

附图 1 气液原理图

附录 2　试剂盒孔位与试剂成分对应关系

1. 试剂盒样图（附图 2）

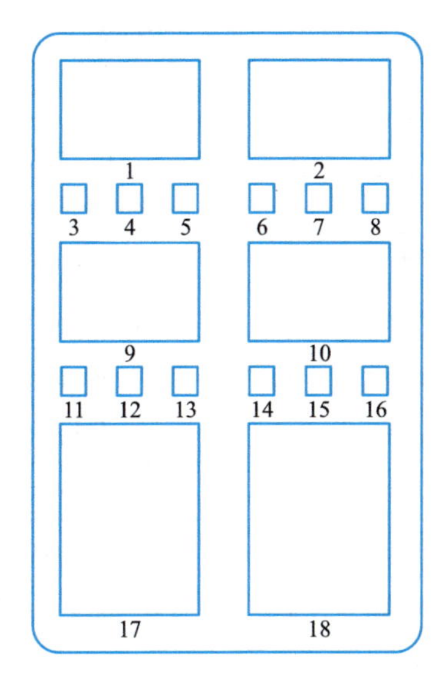

附图 2　试剂盒样图

2. MGISEQ-200 旋转阀孔位及试剂盒孔位对应关系（附表 1）

MGISEQ-200 旋转阀孔位及试剂盒孔位对应关系　　附表 1

试剂盒孔位	1	2	3	4	5	6	7	8	9
旋转阀孔位	20	21	2	9	5	7	3	6	18
试剂盒孔位	10	11	12	13	14	15	16	17	18
旋转阀孔位	19	11	10	13	14	4	12	16	17

附录 3　维修工具清单

维修工具清单见附表 2。

维修工具清单　　附表 2

	中文名称	英文名称	单位	数量
流体工具	管帽扳手 1#	Cap Wrench 1#	EA	1
	管帽扳手 2#	Cap Wrench 2#	EA	1
	管帽扳手 3#	Cap Wrench 3#	EA	1
	管路扳手 1#	Pipe Wrench 1#	EA	1
	管路扳手 2#	Pipe Wrench 2#	EA	1

续表

	中文名称	英文名称	单位	数量
流体工具	流体扳手	Fluid Wrench	EA	1
	切管刀	Pipe Water	EA	1
	生料袋	Raw Material Belt	—	—
长度测量工具	游标数显卡尺	Cursor Digital Caliper	EA	1
	卷尺	Tape Measure	EA	1
水平测量工具	气泡水平仪	Bubble Leveler	EA	1
温度测量	温湿度计	Thermometer	EA	1
	数字温度计 1#	Thermometer1#	EA	1
	数字温度计 2#	Thermometer2#	EA	1
	温度探头 1#	Probe1#	EA	2
	温度探头 2#	Probe2#	EA	1
电路工具	数字万用表	Multimeter	EA	1
	万用表尖表笔	Multimeter Tip Meter	EA	1
光学工具	平台内六角扳手	Allen Wrench	EA	1
	内六角螺丝刀 1#	Hexagon Screwdriver1#	EA	1
	内六角螺丝刀 2#	Hexagon Screwdriver2#	EA	1
	相机调节工装	Camera Adjustment	EA	1
	平台调平工具	Platform Level	EA	2
	激光功率计	Dynamometer	EA	1
	准直筒	Collimation	EA	1
	红光眼镜	Red Goggles	EA	1
	绿光眼镜	Green Goggles	EA	1
	镜头棉签	Lens Swab	EA	1
	精密垫片	Precision Gasket	EA	1
	擦镜布	Mirror Cloth	EA	1
其他工具	工具箱	Toolbox	EA	1

附录 4 辅助工具清单

辅助工具清单见附表 3。

辅助工具清单 **附表 3**

名称	图示	名称	图示
公制内六角扳手	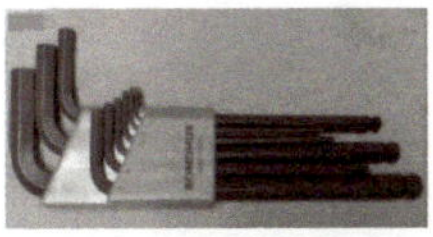	美工刀	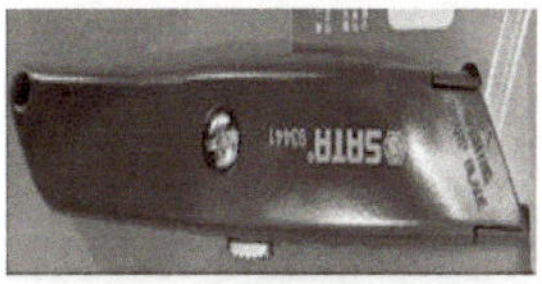
英制内六角扳手		清洁气吹	
活动扳手 1 号		强磁吸笔	
活动扳手 2 号	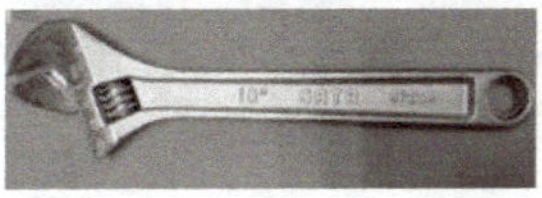	电工胶带	
万向套筒扳手		高温胶带	
一字螺丝刀 1 号		润滑剂	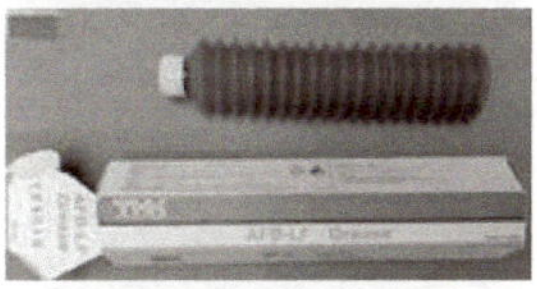
一字螺丝刀 2 号	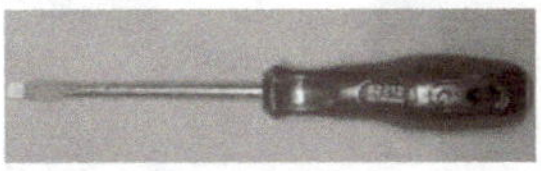	注射器	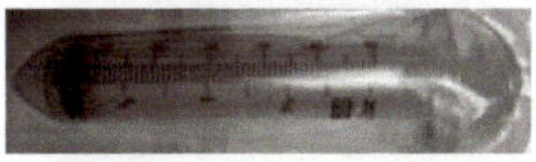
陶瓷一字螺丝刀		电烙铁	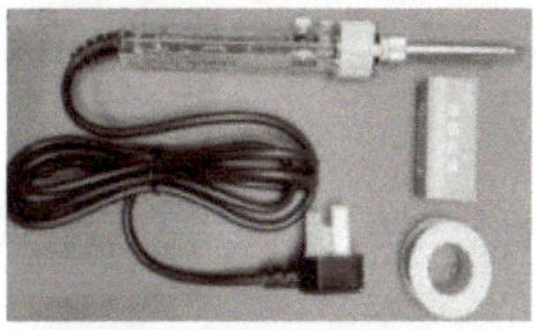
十字螺丝刀		手电筒	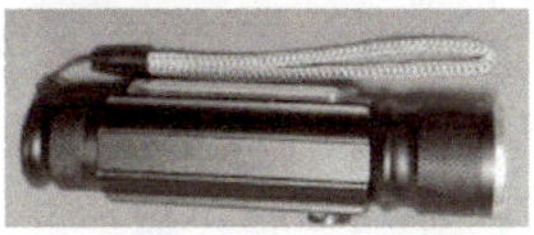
斜口钳		T 形内六角扳手	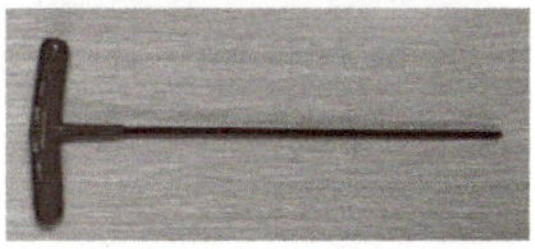
尖嘴钳	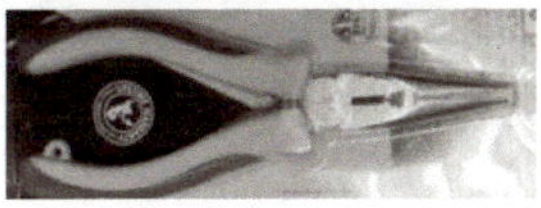		

附录 5　特殊工具清单

特殊工具清单见附表 4。

特殊工具清单　　附表 4

液路电磁阀扳手	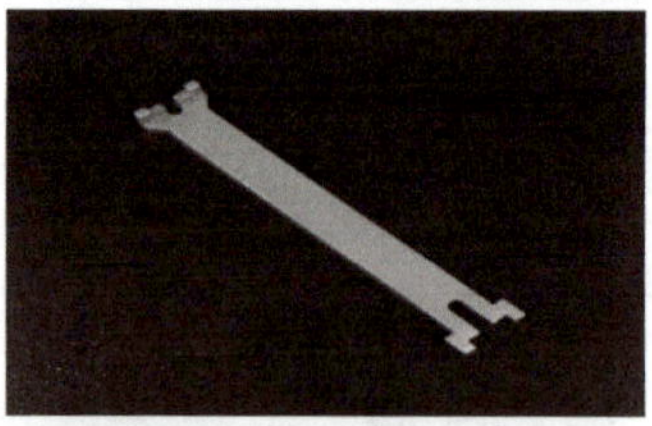
两用管路扳手	
小型管路接头扳手	
芯片平台倾斜螺栓	

附录 6　常见故障代码

出现故障时，用户界面将提示错误代码。错误代码包含三串数据，即工作流程代码、仪器代码和错误代码。

1. 工作流程代码

工作流程代码见附表 5。

工作流程代码　　附表 5

工作流程	代码	描述
清洗(Wash)	E3	Regular Wash/常规水洗流程
深度清洗(DeepWash)	E4	Maintenance Wash/深度水洗流程

续表

工作流程	代码	描述
管路清洗(CleanTubing)	E5	Empty Tubes/管路排空流程
测序(Sequence)	E6	Get Sequence Info From Zlims 测序信息获取流程
测序 BI0(Sequence BI0)	E7	Biochemistry Processes/生化流程
测序 Img(SequenceImg)	E8	Imaging Process/拍照流程

2. 仪器代码

(1) N1-试剂针

N1-试剂针代码见附表 6。

N1-试剂针代码 附表 6

装置	代码	错误	代码	描述
试剂针	N1	InitError	01	初始化错误
		UpError	03	抬针错误
		DownError	05	下针错误
		HaltError	07	停止错误
		OtherError	99	其他错误

(2) V2-旋转阀

V2-旋转阀代码见附表 7。

V2-旋转阀代码 附表 7

装置	代码	错误	代码	描述
旋转阀	V2	InitError	01	初始化错误
		ParaError	03	参数错误
		GetPostError	05	读取位置错误
		GoPosError	07	转动位置错误
		UnknowError	09	未知错误
		OtherError	99	其他错误

(3) P3-注射泵

P3-注射泵代码及描术见附表 8。

P3-注射泵代码及描述 附表 8

装置	代码	错误	代码	描述
旋转阀	P3	InitError	1	初始化错误
		ParaError	3	参数错误
		SwithError	5	阀口切换错误
		AspirateError	7	抽液错误
		DispenseError	9	排液错误

续表

装置	代码	错误	代码	描述
旋转阀	P3	MatchError	11	位置匹配错误
		TargetError	13	目标位置错误
		PosError	15	获取活塞位置错误
		Timeout	17	超时
		UnknowError	19	未知错误
		OtherError	99	其他错误

(4) I4-接口板

I4-接口板代码见附表 9。

I4-接口板代码 **附表 9**

装置	代码	错误	代码	描述
接口板	I4	ParaError	1	参数错误
		InitError	3	初始化错误
		InvalidCmdError	5	无效指令
		LaserError	17	激光器错误
		LedError	19	灯带错误
		BuzzerError	21	蜂鸣器错误
		CaptureError	23	拍照错误
		SafeLockError	25	电子锁错误
		QueryError	29	查询传感器状态错误
		UpdateError	31	固件升级错误
		OtherError	99	其他错误

(5) T5-温控板

T5-温控板代码见附表 10。

T5-温控板代码 **附表 10**

装置	代码	错误	代码	描述
温控板	T5	InitError	1	初始化错误
		EnabeError	3	使能错误
		SetTempError	5	设置芯片温度错误
		SetFridgeError	7	设置冰箱温度错误
		GetSlideTempError	9	读取芯片温度错误
		OtherError	10	其他错误

(6) A6-自动对焦

A6-自动对焦代码见附表 11。

A6-自动对焦代码 **附表 11**

装置	代码	错误	代码	描述
自动对焦	A6	InitError	1	初始化错误
		ParaError	2	参数错误
		Timeout	3	移动超时错误
		MoveError	4	暂未启用
		HardError	5	硬件错误
		OtherError	99	其他错误

(7) M7-XY 平台

M7-XY 平台代码见附表 12。

M7-XY 平台代码 **附表 12**

装置	代码	错误	代码	描述
XY 平台	M7	InitError	1	初始化错误
		Timeout	2	超时
		HardError	3	硬件错误

(8) C8-相机

C8-相机代码见附表 13。

C8-相机代码 **附表 13**

装置	代码	错误	代码	描述
相机	C8	InitError	1	初始化错误
		ParaError	3	超时
		HardError	5	硬件错误
		DisconnectError	7	相机断开错误
		UnhandleError	9	未处理错误
		OtherError	99	其他错误

(9) S0-图像

S0-图像代码见附表 14。

S0-图像代码 **附表 14**

装置	代码	错误	代码	描述
图像相关	S0	InitError	1	初始化错误
		ThetaError	3	未计算角度失败
		InvalidThetaError	5	无效的角度
		BufferTimeout	7	图像处理等待超时
		BatchTImeout	9	打开 Batch 超时
		BasecallDisconnect	11	断开连接

（10）S99-系统

S99-系统代码见附表 15。

S99-系统代码 附表 15

装置	代码	错误	代码	描述
系统相关	S99	ParseError	1	脚本解析错误
		CompileError	3	脚本编译错误
		EmptyParaError	5	未传入参数错误
		InvalidParaError	7	传入参数错误
		InvalidPhaseError	9	脚本阶段错误
		DiskNotEnough	11	磁盘空间不足
		TooManyImageLost	12	相机丢图过多
		VolumeError	13	脚本体积错误
		DownloadScriptError	13	下载脚本错误
		DownloadBarcdoeErRor	17	下载 Barcode 文件错误
		DNBIDNotExists	21	DNBID 不存在

（11）ACS

ACS 代码见附表 16。

ACS 代码 附表 16

装置	代码	错误
网络通信(EtherCAT)	6XXX	6000
		6001
		6002
		6004
		6007
		6009
网络通信(移动终端错误)	5XXX	5000
		5001
		5002
		5010
		5011
		5015
		5016
		6001
		6002
		6004
		5024
		5025
		5026
		5100

附录7　PM报告

1. 使用校准过的测量工具。

2. 将项目标记为“Yes”（通过）或“No”（未通过），未执行或未通过的项目用“No”标记。

3. 在“值”框中键入测量值。

附表17为所需的工具信息。

工具信息　　附表17

项目	序列号	有效日期
温控表		
激光功率计		

附表18为维护的项目。

维护项目　　附表18

一般维护	Yes:☐	No:☐
项目		
清洁测序仪表面		
清洁所有通风口		
确认键盘鼠标工作正常		
确认芯片仓门工作正常		
试剂仓维护	Yes:☐	No:☐
项目		
清洁冰箱内壁		
清洁冷凝水槽		
SBC 维护	Yes:☐	No:☐
项目		
运行优化和碎片整理或格式化D盘		
RAID写入性能(SEQ)≥300MB/s		
RAID读取性能(SEQ)≥300MB/s		
SBC数据记录		
项目	要求	记录数值
SEQ-写入速度	≥300MB/s	
SEQ-读取速度	≥300MB/s	
温度控制系统维护	Yes:☐	No:☐
项目		
重新加注冷却液		

续表

流体和真空系统维护		Yes:□ No:□
项目		
更换所有密封垫圈		
更换注射器		
更换真空泵		
检查进出液块确认正常工作		
检查旋转阀并确认其工作正常		
运动性能维护		
XY 滑台维护		Yes:□ No:□
项目	要求	记录
所有滑轨已润滑		
往复运动时,中间位置 X 轴的 MST	≤70ms	
往复运动时,左侧位置 X 轴的 MST	≤70ms	
往复运动时,右侧位置 X 轴的 MST	≤70ms	
往复运动时,外部位置 Y 轴的 MST	≤80ms	
往复运动时,中间位置 Y 轴的 MST	≤80ms	
往复运动时,内部位置 Y 轴的 MST	≤80ms	
滑台 X 方向的全行程测试通过		
滑台 Y 方向的全行程测试通过		
Z 轴维护		Yes:□ No:□
项目	要求	记录
Gain	无震荡	
X2-X1	≤40ms	
光学系统维护		Yes:□ No:□
项目		
检查激光功率		
清洁物镜		
所有聚焦峰居中		
AF Target 在范围内		
AF SUM 在范围内		
AF 工作距离满足要求		
平台 Z 轴高度差与 XY 滑台平整度满足要求		
相机 Offset 满足要求		

光学数据记录			
项目	要求	记录	校准后
绿激光功率	330～340MW		
绿激光电压	≤5V		

续表

光学数据记录	
红激光功率	330～340MW
红激光电压	≤5V
色差	≤0.5μm
AF Target	−40～+40
AF SUM	50～98
相机 Offset	≤8Pixels
Z轴X方向高度偏差	≤10μm
Z轴Y方向高度偏差	≤10μm
载片平台平整度	≤0.4μm

附表19为需要验证的项目。

验证项目　　附表19

载片平台温度		Yes:□	No:□
项目	要求	记录	校准后
20℃	±0.5℃		
25℃	±0.5℃		
35℃	±0.5℃		
55℃	±0.5℃		
65℃	±0.5℃		
70℃	±0.5℃		
载片平台升降温速度		Yes:□	No:□
项目	要求	记录	
升温时间	≤30s		
降温时间	≤40s		

附表20为真空压力的要求，将载片放在载片平台上，测试真空压力（负值显示）。根据现场海拔，所有测试值必须在附表20范围内。

真空压力要求及记录　　附表20

场地海拔	上限	下限	记录
0～500m	−80kPa	−100kPa	□
500～1500m	−75kPa	−95kPa	□
1500～2500m	−60kPa	−80kPa	□
2500～3500m	−55kPa	−70kPa	□

附表21为其他记录事项。

其他记录事项 **附表 21**

水洗体积		Yes:□ No:□
项目	要求	记录
水洗体积	≥11ml	
扫描测试		Yes:□ No:□
项目		
扫描测试通过		
还原处理		Yes:□ No:□
项目		
进行整机清洗		
删除所有临时文件		

附录 8 知识点数字资源

章节	资源名称	资源类型	资源二维码
第一章	1-1 核酸提取原理	视频	
	1-2DNA 片段化	视频	
	1-3DNA 片段筛选及末端修复	视频	
	1-4 文库制备	视频	
	1-5DNB 纳米球制备	视频	

续表

章节	资源名称	资源类型	资源二维码
第一章	1-6 测序原理介绍	视频	
	1-7DNBSEQ 技术 cPAS 测序	视频	
第二章	2-1 光学原理	视频	
	2-2 测序过程	视频	
	2-3 测序结果数据分析	视频	
	2-4 华大基因测序技术优势	视频	
	2-5MGISEQ-200 基本介绍	视频	
	2-6MGISEQ-200 基本工作原理	视频	

续表

章节	资源名称	资源类型	资源二维码
第二章	2-7MGISEQ-200 硬件整体介绍	视频	
第三章	3-1MGISEQ-200 软件及耗材整体介绍	视频	
	3-2MGISEQ-200 模块整体介绍	视频	
第四章	4-1MGISEQ-200 电控系统	视频	
	4-2MGISEQ-200 温控系统	视频	
	4-3MGISEQ-200 气路系统	视频	
	4-4MGISEQ-200 液路系统	视频	
	4-5MGISEQ-200 光学系统	视频	

参考文献

【1】王金亭．生物化学（上册）[M]．4版．北京：北京理工大学出版社，2017.
【2】左伋，刘晓宇．遗传医学进展 [M]．上海：复旦大学出版社，2014.